多模态数据下的推荐算法
及在线评论行为研究

管 悦 ◎ 著

清华大学出版社
北 京

内 容 简 介

以图像和文本为代表的多模态数据为用户线上购买和交友决策过程提供了重要信息参考。本书基于推荐及评论这两个重要的用户决策支持系统,主要研究了基于多模态数据的推荐算法设计以及多模态数据对用户评论行为产生的影响。本书的特色在于聚焦数字经济平台的重要领域,关注了平台的两个核心功能——推荐功能和评论功能,并深入研究了多模态数据在其中所具有的价值和所起到的作用。

全书共 6 章,内容包括选题背景;与平台推荐和评论系统相关的已有研究成果;基于多模态数据的推荐算法设计;评论系统中用户生成图像对后续消费者决策所产生的影响;未来发展趋势。

本书主要面向高等院校管理科学与工程、信息管理相关专业高年级本科生及研究生,也为推荐算法、多模态数据分析相关研究领域的广大科技工作者和研究同行提供参考。

图书在版编目(CIP)数据

多模态数据下的推荐算法及在线评论行为研究/管悦著. —北京:清华大学出版社,2024.4
ISBN 978-7-302-65770-5

Ⅰ. ①多… Ⅱ. ①管… Ⅲ. ①聚类分析-分析方法 Ⅳ. ①O212.4

中国国家版本馆 CIP 数据核字(2024)第 056559 号

责任编辑:刘向威　李薇濛
封面设计:文　静
责任校对:刘惠林
责任印制:沈　露

出版发行:清华大学出版社
　　　　网　　　址:https://www.tup.com.cn,https://www.wqxuetang.com
　　　　地　　　址:北京清华大学学研大厦 A 座　　　　邮　　编:100084
　　　　社 总 机:010-83470000　　　　　　　　　　邮　　购:010-62786544
　　　　投稿与读者服务:010-62776969,c-service@tup.tsinghua.edu.cn
　　　　质量反馈:010-62772015,zhiliang@tup.tsinghua.edu.cn
　　　　课件下载:https://www.tup.com.cn,010-83470236
印 装 者:三河市铭诚印务有限公司
经　　销:全国新华书店
开　　本:170mm×230mm　　　印　　张:9.25　　　字　　数:169 千字
版　　次:2024 年 5 月第 1 版　　　　　　　　　　印　　次:2024 年 5 月第 1 次印刷
印　　数:1～500
定　　价:68.00 元

产品编号:103206-01

前 言

近年来,随着人工智能、大数据的蓬勃发展,管理领域也在经历着巨大变革,基于数据进行决策的重要性日益凸显。其中,多模态数据(文本、图像、结构化数据等)是大数据多样性特征的重要体现。以图像和文本为代表的多模态数据为用户线上购物和交友决策过程提供了重要信息参考,同时,人工智能(包括大语言模型的不断演进)从技术上为理解多模态数据提供保证,从而为管理决策制定和管理价值发现提供了新的可能性。本书基于推荐及评论这两个重要的用户决策支持工具,围绕多模态数据系统地介绍了不同视角下的推荐算法设计以及其对用户评论行为产生的影响这两个重要方向的研究成果。

推荐算法在不同场景下需要考虑不同的特征。在电商场景下,消费者在进行购物决策过程时会考虑多形式(图像和文本)及多来源(来自商家和用户)的信息,由于消费者认知风格的异质性,其对各类信息的关注程度不尽相同。基于以上特征,本书首先提出了一种结合图像、文本以及用户生成内容的基于深度神经网络的个性化推荐算法。在线上交友平台场景下,不同于产品推荐,平台需要兼顾推荐与被推荐双方的偏好才能实现成功的匹配。除了年龄、教育背景等结构化属性之外,用户发布的文本内容中体现的个人特质及匹配度也扮演了重要角色,因此本书设计了一种基于两阶段匹配过程并融合了结构化和用户生成文本数据的双边推荐算法。在线评论系统是用户网上决策的另一重要信息参考,评论中的消费者生成图像作为应用广泛的营销工具,其对后续消费者的购后满意度(用后续评论打分来衡量)影响如何还未形成定论。本书借鉴计量经济学中的识别方法以及相关理论,明确了非结构化的消费者生成图像对于评论系统中的结构化产品评分带来的影响。

本书内容大多为作者近年来的研究成果,在介绍不同研究专题的同时,也涉及管理领域所常用的不同的研究方法论(机器学习、计量经济学、用户实验),希望能够为相关领域的学术同行提供启迪,也期待对正在开展或即将开展研究工作的研究生在选题、设计与成文方面有所启发。

本书得到国家自然科学基金(72202220)和中国传媒大学中央高校基本科研业务费专项资金(项目编号：CUC23HQ008)的资助,在此表示感谢,同时衷心感谢清华大学出版社在本书编辑出版过程中给予的大力支持和帮助。

由于作者水平有限,如书中存在不足或者不当之处,敬请广大读者批评指正。

管　悦

2023 年 10 月于中国传媒大学

目 录 / CONTENTS

第1章 引 言

在智能化的万物互联时代,社会经济生活以更细粒度的数据形式呈现,整个社会的"像素"显著提升,加之近年来人工智能的蓬勃发展,管理领域也在经历着大数据背景下的变革。海量的企业内外部大数据和人工智能技术的不断突破为管理决策和管理情境提供了新的机会和洞见,基于数据的决策扮演着日益重要的作用[1]。其中,大数据的一个重要特征是多样性,体现在数据的多来源和多模态(数字、文本、图像、语音、视频)[2]。从管理决策的理论研究和实践应用出发,如何运用多模态数据辅助用户和管理者进行决策以及多模态数据带来的行为影响与价值发现是本书主要研究的问题。

管理信息系统的研究可以从"造"与"用"两个视角[2]来解读,"造"指相关系统的搭建、设计和算法研究,"用"指信息系统及相关技术的行为影响。对于现代管理研究中的问题,多模态数据在以上两方面都发挥着重要作用。一方面,多模态数据在辅助决策方面,提供了丰富的数据资源,帮助管理者对消费者决策和行为进行细粒度建模,从而更好地解决现有技术问题,同时为新的管理问题提供解决思路。例如,在产品推荐中引入视觉和评论文本的信息,以丰富对于产品内容信息的表示;在线上交友的情境中,洞察影响匹配机制的用户的隐性个人特质,并将此类新知识用于精准个性化推荐。另一方面,从多模态数据的行为影响来看,人工智能的发展使得对大规模多模态数据的语义理解成为可能,这进一步加深了对消费者行为模式的理解和理论影响机制的异质性讨论,丰富现有理论的研究成果。

本书聚焦于企业管理中的内外部多模态数据,分别讨论在一类典型的用户决策支持系统——推荐系统中,基于多模态数据的推荐算法设计,以及在另一类用户决策支持系统——在线评论系统构成的多模态数据环境中,消费者生成图像产生的行为影响。本章将介绍相关背景,总结本书内容框架,提炼理论与实践指导意义,并对后续内容的组织安排进行简要说明。

1.1 多模态数据与人工智能

在人工智能与移动互联的时代,对存储于数据库表中的结构化数据进行分析已经不能满足商业社会的需求,学界和工业界开始更多地关注大体量、高多样性、高价值的多模态数据。模态是某一事件发生、存在或者被感知的方式[3],在机器学习领域,多模态数据则指具有多种呈现形式的数据,如数值、文本、图像、语音、视频等[4]。当前的大多数多模态数据都产生于用户端,人们无论是网上购物、娱乐、交友,还是参与线上社区活动,都会时时刻刻产生和处理各种类型的多模态数据,其中以图像、文本最具代表性。例如,2022 年,在一分钟的时间里,社交平台"脸书"有 170 万条动态产生并传播,图片分享网站 Instagram 有 66 000 张图片被分享,用户观看 100 万小时的流媒体视频[5]。在中国人使用最多的社交软件——微信中,文字、图片和视频也占据了极大的比例。微信推出十年后,微信官方的统计报告显示,每天有 1.2 亿条朋友圈被发布,3.3 亿个视频通话产生[6]。据估计,2025 年全球数据规模将达到 163ZB,其中 80%～90%都是非结构化数据[7]。

海量的数据为管理决策带来了新的机遇与挑战。用户或消费者在进行网上信息搜索和决策形成的过程中对图像、文本等多模态数据有较高的需求,同时,用户生成的内容中,图像、文本等数据也占据了较大比例。管理者为了能够深度了解用户需求,提供更加个性化精准化的信息决策服务,从数据中获取管理洞见,就需要开发出基于多模态数据的新的分析挖掘工具和管理决策方法。受益于海量数据的积累,近年来以深度学习为代表的人工智能技术取得一系列突破,为信息管理领域的研究者提供了多模态数据的分析手段和切入点。

人工智能的概念,按照 Bellman 1978 年[8]给出的定义,即"与人类思维有关的活动,诸如决策、问题求解、学习等活动的自动化",通俗来讲,即机器像人一样思考和行动。总结人工智能的发展历程,计算及存储能力的提升、海量数据的出现、几十年的理论算法方面的积累及现代企业发展的需要等多种因素让人工智能的发展迈上了新台阶,其中,海量数据的支撑,尤其是以图像文本为代表的多模态数据扮演了非常重要的角色。另外,从 20 世纪 90 年代初开始,计算机性能发展按照摩尔定律,其计算速度和内存每两年翻一番,使得神经网络模型逐渐摆脱计算能力的制约。从此,一系列里程碑事件开始出现。

1997 年,IBM 开发的"深蓝"计算机系统战胜国际象棋冠军卡斯帕罗夫;2012 年,在图像分类比赛 ILSVRC 中,深度卷积神经网络 AlexNet 取得突破性进展[9],

相比于传统的基于特征工程的图像分类算法,效率提升了 10% 以上;在此之后,基于卷积神经网络的模型不断迭代优化,效果不断提升,同时人工智能在计算机视觉、自然语言处理等一系列领域取得持续性的突破。2015 年,基于残差学习的网络 ResNet[10] 达到 152 层网络的深度,前五类的分类错误率降至 3.57%,超过了人类视觉所能达到的图像分类水平。2016 年,DeepMind 开发的人工智能系统战胜围棋冠军李世石。除了图像分类,物体检测、图像分割、图像生成等任务也都借助卷积神经网络而取得了长足的进展。在文本分析领域,循环神经网络(RNN)和长短时记忆网络(LSTM)通过对上下文关系的学习建模,在情感分类、语义分割、文本生成、机器翻译等任务中都有优异的表现。近年来,为了解决长距离上下文依赖以及并行计算的问题,基于注意力机制的模型取代原有的基于时间序列的模型,成为新的基准。随着以 ChatGPT 为代表的预训练生成式大模型的问世,人工智能更是被推向时代风口。图 1.1 展示了当前代表性大模型训练所需要的参数规模,从GPT-3 开始,模型参数规模已经超过人脑神经元的数量。模型具有如此大规模的参数,背后需要海量的训练数据作为支撑,尤其是文本、图像等多模态数据。

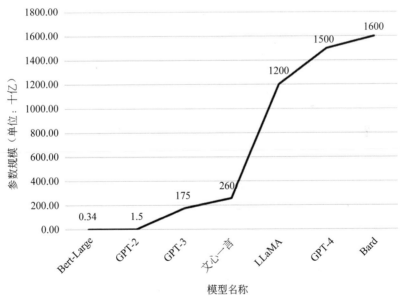

图 1.1　代表性大模型参数规模对比

(数据来源:Hugging Face)

计算机视觉、语音技术与自然语言处理是目前主流的三个人工智能领域基础研究方向,分别针对图像视频、语音以及文本处理分析。整体人工智能产业链可以分为基础层、技术层和应用层[11]：基础层包括计算硬件、计算系统技术及数据（如数据的采集、标注和分析）；技术层包括算法理论、开发平台和应用技术，其中应用技术领域的核心技术为计算机视觉、自然语言处理、语音识别；应用层包括人工智能与各个领域和多个行业的深度融合，如医疗、金融、教育、交通、零售、制造等。在以上各个层次和领域，图像和文本等多模态数据都扮演了核心角色。在基础层，各种类型的数据的重要性自然不必多言。在技术层，计算机视觉和自然语言处理作为两种核心应用技术，分别聚焦于图像和文本数据的处理，而视频数据也以图像分析作为支撑。在应用层，如智能驾驶领域，多种任务如道路侦查、障碍识别，以及地图导航等都需要大量图像数据的支撑。在智能医疗领域，医学影像的识别诊断也是近年来的热门方向之一。在智慧零售方向，时装穿搭及产品推荐也越来越多地依靠图像内容的挖掘分析。因此，人工智能的迅速发展与多模态数据的大量产生和积累具有互相促进、密不可分的关系。

表 1.1　人工智能产业链

基础层	计算硬件，如芯片
	计算系统技术，如大数据、云计算
	数据，包括数据的采集、标注和分析
技术层	算法理论，如机器学习理论
	开发平台，如 Tensorflow、Pytorch 等
	应用技术，如计算机视觉、自然语言处理、语音识别等
应用层	智能医疗、智慧金融
	智慧教育、智慧交通
	智能家居、智慧零售
	智能制造、智能客服
	智能驾驶、个性推荐及广告营销

从技术研究的视角出发，企业在互联网平台产生的数据以及用户在网上留下的各种足迹都会以数据的形式展现。一方面，人们日常生活中的各种决策都需要依赖多模态数据。例如，在电商网站购物时，需要看到产品图像、描述，以及评论信息，甚至还希望能够看到评论中的买家秀图像或者视频；在进行线上交友时，用户不仅需要知道对方的年龄、学历等基本信息，更希望知道对方的个性、风格等隐性特征。商家或者平台不仅需要满足用户的信息需求，在进行产品推荐、朋友推荐等服务时也需要考虑用户基于多模态数据的信息处理及决策过程，能够实现更加优质的用户服务。另一方面，用户端也会产生大量全方位、细粒度的多模态数据。通过用户的购买行为、点击行为、浏览足迹、发表评论等行为足迹数据，企业或者平台

可以实时监控经营状况,了解用户的消费体验以及满意度水平,以便灵活调整经营策略或方案;还可以进行个性化用户画像,深度洞察用户行为与偏好[12],进而开展更加丰富多样的用户服务,例如,个性化推荐服务、个性化解决方案提供等。

从行为研究的视角出发,人工智能的发展为管理者理解多模态数据、发现其商业和管理价值提供了有力的支撑工具和方法。在价值发现过程中,需要打开多模态数据的黑箱,探索其内在影响要素和机制。深度学习为大规模图像和文本的语义理解和特征提取提供了可能性,从而能够发现其内在的机制,实现以往研究所不能达到的深度和广度,并对消费者行为和管理理论做出补充和深化。例如,虽然带有图像的评论在购买前被认为具有更高的评论有用性,并能够吸引更多新的消费者,但是,尚不清楚这类图像是否能够带来更高的购后满意度,以及不同类型的消费者生成图像、不同的图像内容是否存在异质性的影响。为了回答上述问题,一方面,电商平台积累的大量用户数据为研究提供了实证的观测样本;另一方面,基于计算机视觉的技术进展使得大规模解析图像内容成为可能,加深了人们对多模态数据的管理价值的认识。

总体来看,人工智能和以多模态为主要特征之一的大数据为信息管理领域带来了机遇与挑战,从技术和行为的研究视角去利用多模态数据提供更好的信息服务以及研究多模态数据带来的影响,具有重要的管理意义。基于海量的用户数据以及深度学习取得的进展,本书得以聚焦于新的管理问题或者新的解决思路,引入新的外部视角[2],更好地辅助甚至增强信息时代的现代企业管理,回答实践中的管理问题和理论上的因果关联问题,拓展信息管理领域的理论边界。

1.2 基于多模态数据的推荐系统

在信息技术飞速发展的今天,人们社会生活的方方面面都需要基于信息进行决策,各类信息系统和服务也随之产生,极大地丰富和便捷了数字化生活。然而,人们也经常受到信息过载的困扰。以电子商务场景为例,面对海量的产品,其种类、数量以及消费者生成内容的规模呈指数级增长,使得用户很难全面分析已知的信息并做出有效的决策。在此背景下,以"为用户提供决策支持"为目标的推荐系统日益受到关注。作为一类重要的决策支持系统,一方面,推荐算法通过历史数据分析发掘用户偏好,进而为用户提供精准个性化的推荐服务,可以帮助降低用户的决策时间和成本,促进产品的推广与销售;另一方面,平台管理者通过精准个性化的推荐算法,为客户提供更好的决策支持服务,能够改善用户的购物体验并提升其满意度水平,也有利于平台的健康长远发展。

推荐系统及其方法近几十年来一直是学界和业界的重要研究与应用领域[16]。推荐系统从 20 世纪 70 年代开始出现,应用领域涵盖互联网的方方面面,包括电子商务、电影和视频、音乐、社交网络、阅读、基于位置的服务、个性化广告等。类似于搜索功能,推荐系统已经成为一个基础功能模块,内嵌在很多互联网平台应用中,并为广大用户所熟知和习惯。1998 年,推荐算法的始祖——亚马逊推出基于项目的协同过滤算法并大获成功。据统计,在 2017 年前后,亚马逊网站有 30% 的网页浏览量来自推荐系统,而对于影片租赁服务提供商 Netflix 平台,80% 以上的电影观看都是通过推荐系统生成的,每年创造超过 10 亿美元的价值[13]。从算法角度来讲,早期的推荐系统主要关注用户和产品之间的交互历史或者打分反馈,然而有限的信息并不能让用户对推荐对象有深入的建模和理解,因而考虑用户标签数据、上下文信息以及社交网络信息等混合形式的推荐系统被陆续提出以解决上述问题。

随着深度学习的兴起,计算机视觉和自然语言处理等领域取得长足进展。很多推荐的目标以及场景通常涉及多模态数据,因而将多模态数据的建模及信息表示融入推荐系统,不但可以拓展推荐算法的边界,而且可以增强推荐效果,解决冷启动问题。多模态数据是人们线上购物、交友决策的重要参考依据,在推荐系统中融入多模态数据有一定的挑战性。例如,对于图像数据,其潜在的高维度和内在语义如何有效表示以及被推荐算法有效利用是一个挑战;对于文本数据,如何结合消费者决策的不同阶段和偏好而调整不同类型信息所占权重需要进一步研究。此外,如何对图像、文本及结构化数据进行综合建模,并考虑用户的不同认知和自我呈现风格,进而提升推荐的效果,也是当前推荐系统领域研究亟待解决的重要问题。

从过程视角来看,消费者在决策的时候会基于多模态数据进行综合处理,推荐系统也会根据消费者的认知风格和所处阶段的不同而对不同类型数据给予不同的权重。例如,在线交友场景下,两个用户成为好友通常需要经过两个阶段:首先,发起方根据对方的信息发出好友请求;而接收方得到邀请后,决定是否接受发起方的好友请求。在这两个阶段,结构化信息和文本信息都扮演着重要角色,同时由于发起方和接受方的不同标准和考量,文本的作用在两个阶段并非完全相同。基于这一多阶段过程设计推荐系统,可以增进管理者对用户决策的了解,并加强推荐算法的可解释性。

本书分别立足于电子商务和在线交友场景的产品推荐和朋友推荐,针对场景的不同特点,在前者的场景中对图像和文本信息进行建模融合,提出了一个基于深度学习的端到端(end-to-end)个性化产品推荐模型;在后者的场景中对结构化用户个人信息和问答文本进行建模,提出了考虑两阶段交友过程以及用户个人特质的朋友推荐模型。

1.3 本书主要内容与创新

从信息管理领域出发,平台、商家和用户在互联网上时时刻刻都在产生大量的图像、文本等多模态数据。本书以电商平台和交友平台为着眼点,从用户的决策过程出发(图 1.2),考虑多种模态的数据为用户决策带来的支持作用及其对用户决策产生的影响,并提出相应的研究问题。具体来讲,用户进入电商平台后,首先会浏览多种类型的信息,包括产品图像、文本描述,以及以用户评论为代表的用户生成内容,基于对这些信息的综合处理做出购买决策。推荐系统的目的是减轻信息过载,从海量产品中为用户提供个性化的购买建议,那么,对多种类型的信息进行综合建模并考虑用户处理信息的个性化特点具有很强的必要性。这构成了本书的第一个核心研究问题。

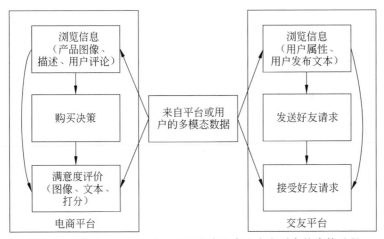

图 1.2　以多模态数据为中心的用户在电商和交友平台的决策过程

在体验产品之后,用户会选择在平台上发表评论,包括发布图像、文本内容以及产品的打分,这些评分、图像以及文本数据构成了一个多模态的数据环境。这些评论内容一方面是评论者自身满意度的表达,另一方面也为后续消费者提供信息参考,影响后续消费者的决策,进而影响产品评分的未来走向及商家的经营绩效,因而具有重要管理意义。消费者发布的图像与产品图像有诸多不同,这类信息的存在是否能够为后续消费者带来更满意的消费体验,进而提升后续消费者的满意度评分,还有待深入探究。

　　在交友平台上,同样从过程视角出发,用户会在平台上浏览其他用户的相关信息,包括其基本的结构化属性信息(如年龄、生日、教育背景等),以及发布的文本内容,并基于对上述信息的综合处理发送好友请求。不同于电商场景的是,该场景涉及双边的偏好,对方接收到好友请求后,同样会综合浏览用户的各类信息,然后决定是否接受好友请求。面对平台上的众多用户,一个理想的推荐系统需要考虑在上述两个阶段中双边用户的不同偏好,同时也要考虑隐性特质,如文本内容中体现的用户自我呈现风格及其匹配度,以实现高质量的交友推荐。

　　综合以上分析,本书的核心关注点在于多模态数据环境下的决策支持算法设计与价值发现,图1.3展示了本书的整体内容框架。本书主要关注以图像、文本和结构化信息为代表的多模态数据在为用户决策提供信息支撑的推荐和评论系统中发挥的作用,其中,图像既包括商家提供的产品图像,又包括消费者生成的图像;而文本也涵盖不同来源和不同形式,包括产品描述、文本评论、在线交友场景下的用户问答文本等。

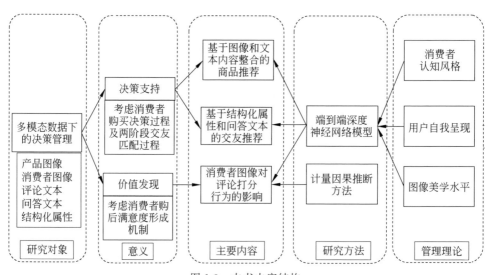

图1.3　本书内容结构

　　在电商购物场景中,图像和文本信息都是消费者购物决策重要的信息来源,而且,不同的人对于不同信息有异质性的偏好和侧重,在推荐系统中考虑多源、多模态数据的整合可以增强推荐效果,丰富对消费者决策过程的理解。在在线交友的场景下,用户之间的成功匹配是平台管理者较为关心的问题。除用户的结构化属性因素外,用户发布的文本信息是其在平台进行自我呈现或自我展示的重要途径,也对用户偏好有重要影响。成功的匹配包括发起者发出请求和接收者接受请求两个过程,基于这两个过程进行建模并考虑双边偏好整合的朋友推荐能够提升匹配成功的概率,并丰富研究者对双边匹配机制的理解。评论系统也是消费者决策的重要参考,如前所述,评论打分、评论文本和消费者生成图像构成了产品评论系统的多模态环境,评论中的消费者生成图像作为一类特殊的用户生成内容,其对后续消费者的满意度影响如何还有待研究。运用深度神经网络模型与计量模型相结合的方法研究消费者生成图像及其不同的内容属性对后续消费者的购后满意度影响,具有理论和实践的研究价值。基于以上提出的研究框架,下面分别对三部分研究内容进行简要概括。

1. 基于图像和文本的产品推荐算法

推荐系统是一种决策辅助工具,在设计算法时对消费者决策的过程进行全面深入的了解和建模非常重要。消费者在购物决策过程中,会兼顾图像和文本信息、商家提供的产品介绍信息以及以评论为代表的用户生成内容。由于消费者行为习惯和决策风格的异质性,不同的消费者对各类信息赋予的权重不尽相同。尽管近年来有研究将图像信息引入推荐系统,或者在推荐算法中考虑评论内容,或者综合考虑文本及图像内容,但很少有研究对来源于商家和来源于消费者的多模态数据进行有机整合,以提升推荐系统的表现。本书试图在推荐系统中引入产品图像信息、文本描述以及文本评论信息,并分别使用栈式卷积自编码器以及栈式自编码器结构对其进行无监督的结构化表示学习,同时引入消费者认知风格向量来表征消费者对于不同类型信息的异质性偏好,形成一个基于深度神经网络的个性化推荐模型。在两个数据集上对算法进行评测,均取得了优于基准模型的推荐效果,在冷启动数据集下的性能提升尤其显著。本书还分别对不同类型信息的作用进行了一一讨论,发现提出的算法在不同数据集下的性能提升作用有所不同,对于体验属性较强的女装类产品,图像所起的作用较大;而对于功能属性较强的童装类产品,文本信息的作用较大。本书还测试比较了不同认知风格设定下的模型效果,发现用户个性化认知风格对于推荐系统的性能提升起到了重要作用,进一步证实了模型的有效性。最后,可视化的推荐结果展示进一步证明了所提出的模型所推荐的产品更为多样化,也与用户的个性化偏好更为一致。

2. 基于结构化属性和问答文本的双边推荐算法

双边推荐不同于一般的产品推荐,需要考虑推荐者与被推荐者双方的偏好,而双边偏好的形成往往是通过两个阶段实现的。本书试图对基于两个阶段的双边偏好进行建模,以实现更有效的推荐算法设计。以往有关匹配交友影响因素的研究往往只关注收入、年龄、教育背景等结构化因素,而心理学相关文献已经证明用户语言表达中体现的个人特质等隐性因素对于关系形成及满意度也同样重要,而这类因素并没有在交友推荐的相关研究中有所体现。本书认为,用户在交友平台发表的自定义文本内容是其自我呈现的重要途径,其中,语气词、表情符号、特定词语等的使用都能够潜在地体现用户想要给外界呈现的印象。不同于以往文献使用问卷或者采访来理解用户自我呈现风格的做法,本书设计了一个基于注意力机制的模型,对用户在交友平台发表的提问和回答文本进行建模和个人风格的提取,在考虑结构化信息和非结构化信息的情况下对交友的两个阶段分别建模,并在第二阶段引入用户之间的风格匹配度,构建用户之间的匹配模型。该模型具有较强的学习能力、更好的推荐效果以及较高的灵活性,可服务于平台管理的多重目标,而且注意力机制的高度可解释性能够让本书根据训练好的模型对获得高权重值的词语进行可视化,在一定程度上克服深度学习的"黑箱"问题,丰富了对于在双边匹配问题中不同影响因素发挥的作用的理解。

3. 消费者生成图像对后续评论打分的行为影响

在电商平台的评论系统中,平台会激励用户发表图像内容表达自己的消费体验,而带有图像的评论也通常被认为是高质量评论,并以更高的概率被置于评论系统的顶部。这些消费者生成图像是否能够减少信息不对称性并带来更满意的消费者购物体验,是我们要回答的问题。本书借鉴了消费者满意度形成机制等领域的相关文献,认为消费者生成图像对于用户决策有两种作用:信息作用和期望不确认作用。一方面,消费者生成图像作为一种信息媒介,能够降低信息不对称性,帮助消费者对产品形成理性的购前预期;另一方面,消费者生成图像虽然能够提升信任程度,但其本身包含一定噪声,也融入了评论者自身的主观性,例如对产品满意的消费者更倾向于发布图像,而这又会让后续者形成较高的期望,从而为其决策带来干扰。本书采纳了一个准自然实验的设计,运用双重差分模型来检验假设,结果证明消费者生成图像的干扰作用超过期望不确认作用,引起后续评论打分的下降;而且随着时间的推移,负向作用逐渐降低。为了更加深入地研究这些现象背后可能的机制,本书基于计算机视觉领域的最新进展,提出了一个基于深度卷积神经网络的图像美学质量评价模型,自动判断图像的美学水平。研究结果表明,人脸的出现能够通过提供更多信息而显著减轻消费者生成图像带来的负向影响,而较高美学水平的消费者生成图像加剧了其负向影响。同时,较高评分的消费者生成图像带来的负向作用最为显著,证实了发布图像的评论者主观性为后续消费者带来的决策干扰作用。在稳健性分析部分,考虑到消费者未必能够阅读所有的评论,首页评论被阅读的概率更高,本书运用机器学习的方法对平台的评论排序算法进行了估计,并研究了出现在首页的消费者图像对于后续打分的影响,得到了与前述一致的结论。除此之外,用户实验及其他一系列稳健性检验进一步证实了本书的研究结论。

总结上述三部分代表性研究,本书从技术与行为的视角综合探究了将多模态数据运用于两种推荐系统(图像文本信息整合式推荐和双边推荐)的创新性算法设计以及消费者生成图像对后续评论打分的影响。本书存在以下理论和实践方面的创新点。从理论的角度出发,本书对于推荐系统的设计思路能够提供理论方面的补充与增强,而围绕多模态数据的评论行为研究加深了对于评论图像的影响价值的理论认识,拓展了现有的用户评论行为相关研究的边界,具体体现在以下方面。

- 在推荐算法中考虑多模态信息具有理论和现实的可行性和必要性。以往多媒体研究相关文献提出文本和图像具有互补作用,本书据此设计的基于图像、评论和文本描述的深度神经网络推荐框架展示了其强大的学习能力,相比于以往文献提出的模型取得了更好的表现,并能够为冷启动问题提供有效的解决思路。

- 具有不同认知风格的用户对线上购物场景中的视觉和文本信息的认知处理存在不同。不同于传统意义上的问卷测量,本书的推荐算法能够以数据驱动的视角,从用户历史交互行为中学习到其个性化认知风格,并进一步据此给出个性化推荐方案,同时也为认知风格提供另外一种获取的视角和思路。

- 借鉴用户在网络空间自我呈现和印象管理的相关文献,本书在双边推荐这一子领域,提出运用深度学习中的互注意力机制对用户之间的问答文本及两阶段交友匹配过程进行建模和个性化特征提取,在双边推荐算法研究领域做出了方法上的贡献,丰富了对双边匹配影响机制的理论认识,并在一定程度上提升了深度学习推荐模型的可解释性。

- 消费者生成图像作为一类新型的用户生成内容,是评论系统多模态环境的重要组成部分。以期望确认理论和图像相关研究等作为理论基础,本书从理论角度提出并检验了消费者生成图像在信息提供和决策干扰方面的双重作用。与以往阐述图像能够提升说服力、增加信任度等研究结论不同,本书发现了图像对于人们的决策质量及购后满意度产生的潜在负面影响高于其在信息提供方面的正向影响。在评论行为研究这一子领域,本书也发现了一个新的影响在线评论打分动态的因素。

从实践意义上讲,首先,本书提出的推荐算法可以被广泛应用于企业在用户个性化服务方面的实践。一方面,本书揭示了在推荐算法中整合用户个性化特征并考虑多种类型和来源的信息的重要作用;另一方面,对双边平台的管理者来说,本书提出的基于注意力机制和卷积神经网络的两阶段双边推荐模型不仅具有更好的推荐效果,也具有更高的可解释性,因而更容易被管理层和用户所接受。随着人工智能的不断发展,多模态数据将会在用户决策及企业管理中发挥日益重要的作用。本书通过实践为如何在推荐算法及其他个性化服务中整合多模态数据提供了有益的指导和启示。

其次,对于消费者生成图像这类新型用户生成内容,商家在试图吸引新的消费者的同时也应该意识到其潜在的对购后满意度的消极影响,本书就该类信息的管理给出了切实可行的建议。从时间上来说,新生成的消费者生成图像对后续消费者的决策影响更大,随着时间推移,消费者生成图像的消极影响趋于消失。从内容上来说,有个人信息披露的图像具有更加积极的作用,因此平台可以采取更严格的隐私保护政策来鼓励消费者发布个人信息,并鼓励消费者相对客观地做出发表图像的选择,从而更好地辅助后续消费者进行购买决策。平台应该鼓励消费者在发布图像时提供更为客观的产品评价,而不是选择在极度满意或者不满意时发布图像。消费者在进行购买决策时,也应该时刻警惕消费者生成图像可能带来的干扰作用,结合各类信息综合判断后做出更为理性的购买决策。

本书后续章节安排如下。第 2 章首先系统梳理了推荐系统的整体发展脉络,然后具体讨论了基于图像文本信息融合的产品推荐和双边交友推荐的最新研究进展,最后从行为的视角出发,梳理了消费者生成图像对评论系统的影响的相关文献。第 3 章介绍第一部分研究成果——基于图像和文本内容的产品推荐,包括研究背景、主体模型、数据与实证研究结果和结论。从技术视角出发,本书设计了一个基于栈式卷积自编码器的深度神经网络,通过模型整合了消费者对图像文本的不同认知风格,并通过横向、纵向对比试验证明了模型的合理性以及认知风格引入的必要性。第 4 章介绍第二部分研究成果——基于结构化属性和问答文本的双边推荐,包括研究背景、研究场景、研究模型、实证结果和结论。同样基于技术视角,对两阶段的交友匹配过程中双边用户的偏好进行建模,并基于注意力机制从文本中提取用户个人特征,增强了推荐的精准性和个性化程度。第 5 章介绍第三部分研究工作——消费者生成图像对评论打分行为的影响,包括研究背景、研究假设、研究场景、实证模型和结果、稳健性检验以及结论,从理论和实证的角度论证了消费者生成图像及其内容要素带来的不同影响,并进行了严谨的假设验证和机制检验。第 6 章对本书整体内容、创新点进行总结,并提出未来的发展趋势。

第2章 推荐算法和评论系统相关研究动态

在管理决策领域,基于数据驱动和机器学习的管理决策方法受到越来越多的关注。在人力资源管理、运营管理、产品营销、竞争战略、财务管理等诸多方面,企业都在逐渐采取数据驱动的视角来辅助管理决策的制定[12,14-15]。本书基于信息管理的背景,主要讨论线上平台管理者和用户面临的基于多模态数据的决策问题。对于线上平台来说,辅助用户决策是平台提升用户满意度水平的重要途径。其中,推荐系统作为平台的重要功能模块,通过对历史数据的分析,主动为用户在海量选择方案中提供符合用户个性化需求的建议,而其背后的算法设计和对用户偏好的精准挖掘是衡量平台的决策支持水平的关键因素。评论系统则主要通过大量的用户生成内容为潜在用户提供决策参考,然而在多模态的评论环境下,消费者生成图像产生的影响还有待深入讨论。因而,本部分聚焦于推荐系统和评论系统这两个重要的决策支持模块,将分别对推荐及其方法创新相关文献以及评论系统中的图像和评论打分相关文献进行综述。

本章首先对推荐系统领域文献进行梳理,分别从方法、目标、数据来源等角度进行论述,并重点介绍了基于深度学习的推荐方法。然后,本章聚焦于推荐系统的两个子领域——基于图像文本信息的推荐和基于结构化属性与文本内容的双边推荐,分别展开详细论述。从技术方法的角度,本章对基于图像的推荐算法、多模态数据的表示学习、双边推荐算法、文本建模分析方法等以往研究进行全面的梳理;从理论的角度,本章对在网上购物和交友场景中的两个关键的心理学要素——认知风格和自我呈现风格进行文献梳理。最后,聚焦于评论系统中的消费者生成图像对于后续打分(即后续消费者满意度)的影响这一研究问题,系统回顾了图像在电商平台领域的相关研究及影响评论打分的相关因素。

2.1 推荐系统概述

一般来说,推荐模型按照所推荐的方法可以被分为三类:基于内容的模型、协同过滤(CF)和混合模型[16]。以最常见的产品推荐为例,基于内容的模型根据待推荐目标的特征,推荐与用户以前喜欢的产品特征相似的产品。然而,该类方法一方面由于难以得到用户个人信息而造成个性化程度弱;另一方面,推荐相似的产品缺乏新颖性,因此在实际场景中应用有限。而协同过滤方法不考虑具体的产品属性和用户偏好,而是根据用户对于产品的历史打分数据进行相似度比较。例如,向某用户推荐与他打分偏好相似的用户喜欢的产品,由于不需要产品属性信息,因此可实施性较强[17],并且效果显著[18]。矩阵分解[19]是基于协同过滤思想的经典推荐方法,它的基本原理是假设每个用户对每个产品的评价取决于产品的各项属性信息以及每个产品属性对于每个用户的重要性程度。不同的产品有不同的属性特征,而不同的用户因为对于不同属性的偏好不同,对于同一个产品也会有不同的偏好。因此,可以将用户对于产品的打分矩阵分解为用户的潜在因子与产品的潜在因子相乘的形式。相似的产品有相似的潜在因子,相似偏好的用户潜在因子也相似。矩阵分解算法的强大之处正在于其可以根据打分情况自动挖掘出代表产品和用户的潜在因子,而不需要任何额外的属性信息。该经典方法在 Netflix 推荐比赛中取得了很好的成绩[19]。后来,基于基本的矩阵分解方法,又有一些改进的方法被提出,例如,加入产品或用户的固定偏差,以及从概率的角度解释因子正则化项的概率矩阵分解方法等[18]。

然而,由于电商平台上常见的数据稀疏性现象,该方法的效果也受到明显制约,特别是难以应对"冷启动"问题的挑战,即,对于一个新用户或者新产品,由于缺乏历史评分数据这样的显性信息反馈,也就无法找到与其相似的用户,因而无法向他推荐合适的产品。在当前电商平台产品更换频率高、产品总量大的条件下,冷启动问题已经成为制约推荐效果的重要因素。因此,结合上述两种方法的混合模型被广泛使用,它同时考虑了内容信息和协同偏好。其中内容信息包括用户属性、产品描述、社交关系和社交网络[20-23]。Liu[24]等运用基于属性的意见挖掘方法从评论中提取消费者观点,并根据提取出来的观点进行产品推荐。Gogna 和 Majumdar[25]使用国外电影评分网站数据集,基于矩阵分解的视角给出了一种更加有效的求解方法,利用用户的年龄、职业、性别等信息,在原有优化目标的基础上加入同年龄(性别)组内打分差距不能过大的约束。Liu 等[21]在概率矩阵分解模型(Probabilistic Matrix Factorization)的基础上从用户角度加入了朋友信息,从产品角度加入了标签信息,对决定用户潜在因子的超参数进行建模。Ma 等[22]做了两个矩阵分解,一个基于用户的社交网络,一个基于用户产品打分矩阵,并得到一个综合二者的用户特征向量,以此应对冷启动问题。作为用户生成内容的一个重要来源,产品评论内容也被用来挖掘用户的偏好。例如,隐因子话题模型(HFT)提出将潜在评分维度与从主题模型中学到的潜在评论主题相结合,使潜在因素[26]更具可解释性。协同话题推荐模型(CTR)[27]采用类似的思路,主要关注向研究人员推荐观点相似的文献。

从推荐目标来看,推荐系统可被分为基于点的推荐和基于比较的推荐。点推荐在早期被广泛使用,例如,电影推荐,目的是预测每个用户-产品对的评分。然而,现实生活中评分数据往往难以获得,导致用于推荐模型训练的数据集较为稀疏。相比之下,基于比较的推荐不需要知道具体的产品评分,而只需要用户对潜在产品的偏好排序,例如,用户对其购买的产品的偏好高于未购买的产品。该模型的训练目标是优化潜在候选产品的排序,因而后者在现实生活中应用更为广泛。其中较具影响力的研究之一是 Rendle 等[28]提出的一种贝叶斯个性化排序框架(BPR),该框架被广泛应用于 Top-N 推荐[29]、基于群组的推荐[30]和兴趣点推荐[31]中。然而,上述研究并没有充分有效地结合视觉信息,例如产品图像信息。此外,由于图像处理的复杂性,如何将图像与其他信息有机地结合起来进行推荐,还需要进一步的探索研究。

基于深度学习的推荐算法近年来逐渐成为领域相关研究的主流。深度神经网络具有强大的表示学习能力,所以能够在算法设计过程中融入复杂信息,如文本、图像等数据,从而提升推荐算法的表现[32]。根据 Zhang 等学者的归纳[32],基于深度学习的推荐系统可以按照两个维度进行分类,第一个维度可以分为只依赖深度学习的推荐和深度学习与传统推荐相结合的推荐算法;第二个维度可以分为单一深度学习模型以及复合深度模型(即包含两种以上的深度神经网络)。应用到推荐系统中的深度神经网络架构主要可以分为以下几大类。

(1) 多层感知机(MLP)[33]。多层感知机是一种前向神经网络,在输入和输出层中间可以有多个隐藏层,激活函数没有特定的形式,可以执行多元分类或者预测任务。

(2) 自编码器(AE)[34]。自编码器是一种无监督模型,目标是在输出层还原输入层的信息,中间层可以作为输入数据的特征表示。自编码器包含较多变体,包括去噪自编码器、边际去噪自编码器、对抗自编码器、变分自编码器等。

(3) 卷积神经网络(CNN)[17]。卷积神经网络是一种特殊的前向神经网络,主要包含卷积和池化层。它特殊的结构特点使其能够捕获全局和局部的特征,并显著地提升数据处理效率和准确率,在处理网格拓扑结构类数据时表现良好,如图像、视频等。

(4) 循环神经网络(RNN)[35]。循环神经网络适用于处理序列数据。与前向神经网络不同,它们的结构中存在循环和记忆模块,从而能够对之前的计算进行存储和记忆。循环神经网络的相关变体,如长短时记忆网络(LSTM)、门控循环单元(GRU),在实践中应用较为广泛,可以在一定程度上克服梯度消失等问题。

(5) 图神经网络(GNN)[36]。图神经网络适用于处理知识图谱、社交网络等数据,在网络的每一层进行信息传递时,通过邻接矩阵刻画节点之间的邻接关系并将其加入传递函数。图神经网络可以实现网络连接信息的层层传递。

当深度神经网络与传统推荐模型相结合时,存在两种结合思路[32],分别是松耦合和紧耦合。松耦合的含义是,深度学习模块和推荐模块的模型参数分开训练,例如,前者的输出被用于后者的输入,好处是模型的可解释性较高;而紧耦合的含义是,深度学习模块与推荐模块的参数协同训练,这样,特征提取和推荐参数的训练过程会互相影响,其优点为,模型是一个端到端的模型,整体性和创新性较高;缺点是可解释性较前者差一些。

从推荐系统的信息来源角度来看,深度学习的发展大大丰富了推荐系统可以利用的信息组合。目前,按照利用的主要信息,可以将推荐方法分为基于文本的推荐[45]、基于图像的推荐[17]、基于网络的推荐[36],以及本书要讨论的基于多模态数据融合的推荐[34]。值得注意的是,以上方法大多数会综合利用内容信息以及隐性反馈信息,因此属于混合式推荐。从推荐目标角度,除了关注准确率指标,部分研究开始关注多样性推荐[37]、动态推荐[38]等。而在推荐场景方面,除了传统的给用户推荐物品,如在线产品推荐、歌曲推荐、文章推荐等,还有本书要讨论的用户对用户的双边推荐[39],如职位推荐、朋友推荐等,要同时考虑被推荐者和推荐目标的双边偏好。在对推荐系统发展脉络进行整体的概述之后,下面章节会分别重点介绍多模态数据融合情景下的产品推荐算法以及双边推荐算法。

2.2 图像文本融合的推荐算法

2.2.1 基于图像的推荐

如前所述,在电子商务平台上,图像信息是消费者决策中必不可少且颇具影响力的一类信息。在计算机科学领域,有相关研究将视觉信息应用于产品推荐。在早期,基于图像的推荐主要集中在用特征工程的方法进行图像检索这一思路[40-42],

其中较有代表性的是尺度不变特征转换(SIFT)[43]，该特征基于物体局部的一些兴趣点进行特征描述，而不受旋转和大小等变换的影响，对于噪声的容忍度也较高。例如，Lu 等[44]利用商场视频捕获消费者在试衣时的面部表情和手部动作。通过面部表情可以获知消费者的满意度，而通过手部动作可以获取每一时刻的关注点，进而构建消费者对于产品各个维度特征的偏好，并利用协同过滤比较数据库中的其他消费者购买行为，对其做出服装推荐。

随着深度学习在工业界和学术领域的飞速进展和广泛应用，一些研究设法在推荐模型中利用深度学习技术[32]分析图像和文本信息。在计算机视觉领域，卷积神经网络在很多与图像相关的任务中都取得了最好表现[9]。它成功的一个重要原因在于它具有从非结构化数据中利用监督或者半监督算法自动提取高维特征的能力。卷积神经网络还具备一些特殊网络结构性质，例如参数共享、池化、局部连接等，使得在相同层数下，其参数规模比一般的深度神经网络大幅减少，模型训练速度也显著提升。卷积神经网络在处理图像方面也具有一些比较好的性质，例如，其对于图像位移、缩放及其他形式的扭曲具有不变性，这也解释了它的良好表现。

Wang 等[45]提出了协同深度学习(CDL)模型并证明了基于深度学习的模型推荐效果优于传统的基于主题的模型。除此之外，其他代表性模型包括视觉贝叶斯个性化排序模型(VBPR)[17]、视觉兴趣点推荐模型(VPOI)[46]和协同知识嵌入模型(CKE)[34]等。VBPR 借鉴经典的 8 层卷积神经网络模型 AlexNet，用倒数第二层的输出，即 4096 维的特征向量表征每张图像。该特征向量从预先训练好的图像分类模型[9]中提取出来，并在其上添加一层嵌入表示层，得到密集的、较低维度的产品表征向量，进而借鉴协同过滤的思想进行推荐模型构建。在此基础上，学者又将嵌入矩阵进一步细化，根据产品类别的不同层级赋予不同的参数，对产品图片进行更好的层次化建模和特征提取[47]。类似地，Wang 等[46]提出了一个基于预训练模型 VGG-16 的兴趣点(point of interest)推荐算法，针对兴趣点推荐问题中的异质性特征，提出了特征融合策略，并使用正则化和区域平滑策略解决数据稀疏性问题[48]。然而，由于图像上下文的不同，在一般的大规模图像分类任务中，预训练的模型可能不会很好地适应某一特定的推荐场景和类别。此外，在推荐系统中，图像通常缺乏公认和统一的标签，因此有监督的深度学习模型也不适用。

此外，一些定制化的深度神经网络被提出，用于基于图像的推荐任务。Lei 等学者[49]提出了一种双网络深度结构，将图像和用户特征映射到相同的潜在语义空间中，并向模型中输入用户和一对产品图像来学习用户偏好。以往的深度模型仅仅能够刻画产品的内容或者类别信息，产品风格却无从得知；而 DeepStyle 模型[50]通过两个子模型充分考虑了产品视觉信号传达的风格特征和类别信息，并将其用于服装推荐,取得了不错的效果,可视化的展示也体现了模型在学习产品风格方面的有效性。

在图像文本结合场景下,协同知识嵌入模型(CKE)[34]在单一贝叶斯个性化排序框架中综合利用图像、文本和结构化信息来实现多视角的推荐。图像嵌入和文本嵌入是通过两种自编码器结构实现的,分别是堆栈式卷积自编码器(SCAE)和堆栈式去噪自编码器(SDAE),而结构化信息表示通过 TransE 模型优化得到。然而,在该模型中,不同类型知识之间的关系没有得到很好的解决,而且其中的文本内容来源于外部知识库,对于线上购物的推荐场景来说,这类知识通常无法获取。同样是基于图像、文本等多模态的信息,另有研究将打分本身也视作一个信息视角而非标签进行模型训练[29],上述研究是少有的融合多模态数据进行推荐的研究之一。在消费者行为和心理学研究中,基于多视角信息的研究框架被认为具有较高的研究价值[51-53],但技术上的有效实现还存在一定挑战。在服装时尚类产品推荐这一子领域,He 等学者基于对服装样式的建模,对每个时期赋予不同的权重和参数,结合动态规划,进而得到了流行趋势的变化,并以可视化的形式呈现[54]。在训练数据集选择方面,街头时尚服装搭配的数据集可以用作训练集部署到电商网站推荐场景中[55]。

2.2.2　多模态数据的表示学习

表示学习在机器学习中应用广泛,其核心思想是保留区分数据特异性因素的同时,寻求低维的数据嵌入表示。几种不同类型的神经网络被提出,用于从多模态数据中提取特征,包括无向模型,如深度贝叶斯网络[56]、限制玻尔兹曼机[57]和有向模型,如自编码器[58]。堆栈式自编码器[58]是一种具有多层自编码器的无监督模型,每层的输出作为下一层的输入,对复杂数据进行特征表示。该系统主要由编码器和解码器两部分组成,通常来讲,编码器和解码器都由一层或多层神经网络构成,整体系统的目的是在解码器输出端重建原始输入的同时,在编码器输出端压缩原始的高维度输入。为了防止完全复制输入的情况,自编码器通常要经过正则化处理,几种不同类型的自编码器的变体被提出,包括压缩自编码器(CAE)和去噪自编码器(DAE)[34,45]。其中,Wang 等学者[45]基于层次化贝叶斯网络提出了协同深度学习模型 CDL,用于对不同来源的文本进行建模,比话题模型 CTR 取得了更好的效果。在产品推荐问题上,用户和产品的打分都可以看作一个稀疏向量,而稀疏去噪自编码器的作用可以看作补全该稀疏向量[59]。卷积神经网络(CNN)在表征图像方面具有较为突出的优势,因为它在其潜在的更高级别的特征表示[60]中保留了输入的邻域关系和空间局部性。因此,结合了卷积神经网络和栈式自编码器的卷积栈式自编码器结构[61]，可用于无监督学习场景和分类问题的预训练阶段，是本书中用于图像特征表示的一个合适选择。

嵌入方法在信息表示中也被广泛采用。由于深度神经网络的训练需要大规模数据作为支撑，因此部分推荐算法采用预训练模型来获取图像的特征表示。为了克服不同场景的适应问题，以往文献通常在从预训练的深度学习模型中提取的特征基础上加一个嵌入层（全连接层）网络，以获得更为密集和定制化的特征表示[17,46]并适应不同场景需求。本书在前人研究成果的基础上，采用不同类型自编码器的结构来获取不同模态数据的潜在表示，并将嵌入方法运用于提取后的多视角特征，探索不同信息在多模态数据推荐场景的交互作用。

另有一些其他模型被提出，用于表征文本、音频、时序等数据类型。对微博文本用深度神经网络进行表示并结合微博的转发和用户标签等行为数据，可以实现比话题模型或者词频统计等方法更好的表征效果[62]，而在原有的特征基础上加入二元表示层，将每个特征表示为二元属性，可以大幅提升搜索查找的效率[63]。运用条件随机场和能量函数进行局部特征提取也被证明具有较好的分类效果[64]，分别将同一产品的所有评论与同一用户发布的所有评论进行文本聚合并将其映射到高维空间，得到的模型结果要好于协同话题推荐模型与协同深度学习模型[65]。基于深度卷积神经网络或者深度信念网络的表示学习方法在音乐推荐的场景也具有良好表现，尽管影响用户偏好的特征与模型提取到的特征之间可能存在语义鸿沟[66-67]。医疗健康领域的用户时序数据同样可以用矩阵分解的思路进行表示学习，不同之处在于，将原来矩阵维度中表征产品的维度改为时间维度[68]，从而使相邻时间的向量距离保持在一定范围之内。

2.2.3　图像-文本认知风格

心理学和教育学相关领域研究探讨了认知风格[69]相关的构念、理论和模型。Messick[70]将认知风格定义为决定个体感知、记忆、思考和解决问题模式的稳定态度、偏好或习惯性策略。认知风格被广泛应用于人员选拔、职业指导、任务设计、团队构成、冲突管理等方面[71,72]。然而，很少有研究考虑在电子商务平台上消费者的不同认知风格。

根据 Riding 和 Cheema[73]的研究，一个人的认知风格可以定位在两个正交的维度上，分别为整体具象（wholist-analytic）维度和文字-图像（verbal-imagery）维度。文字-图像维度描述了个体在记忆中存储以及表征信息的模式。更多依赖文字维度的人倾向于以文字的形式处理信息，他们从文本形式的输入中学习得更多、更好；而更多依赖图像维度的人则从图像这种信息表现形式的输入中吸收更多知识[74]。用户在这个维度上的相对位置对于决定在线购买决策中图像和文本内容的相对权重至关重要。

以往认知风格的测量主要集中在自报告的方法上,由于问卷设计的局限性等问题[75],在某些情况下可能并不有效。此外,在一个现实的网购平台上,成千上万的消费者会不定期地浏览产品信息、做出购买决定、撰写产品评论。因此,从实践操作的角度来看,通过传统的认知风格测量方法来明确评估这些消费者的认知风格是极其困难的。因而,学术界呼吁使用多种研究方法测量认知风格[76],也有学者[77]通过用户的点击流数据,用贝叶斯学习过程推断出线上用户的认知风格。采用类似的思路,本书提出了一种数据驱动的方法,通过观察消费者的历史购买行为来学习出个体认知风格。更进一步,提取出的个性化认知风格将被融入个性化推荐算法中,从而对推荐系统算法的理论创新有所贡献。

2.3　双边推荐算法

2.3.1　双边推荐

双边推荐(reciprocal recommendation)[39]与传统的推荐存在以下不同①。首先,用户本身代替物品,成为被推荐的目标;其次,推荐是否成功不仅取决于推荐算法服务的终端用户,也取决于被推荐的用户。因此,需要衡量双方相互的偏好或者两个用户的匹配程度。双边推荐不仅应用于线上交友,也广泛应用于职位推荐[78]、科研合作者推荐[79]等场景。

双边推荐与传统推荐除了目标不同,在算法、偏好融合以及评估等方面都存在一定差异。针对不同的双边推荐场景,以往学者提出了不同的双边算法。本书主要聚焦于线上交友场景的双边推荐,Palomares[39]等学者沿袭传统的推荐系统分类方法[80-82],将现有的双边推荐算法分为三大类:基于内容的方法、基于协同过滤的方法以及混合方法。从基于内容推荐的角度出发,基于内容的双边推荐模型(RECON)[80]假设每个人有一些属性特征,对于交友对象的属性也存在一定偏好。RECON算法根据用户的历史交互记录,从每个人邀请的人群中可以获知他对各个属性的偏好情况。例如,某用户对于年龄在 22~25 岁的用户偏好较高,那么对于新的待推荐用户,根据他的属性可以计算出待推荐用户的被喜欢程度。以上过程计算的是单边的偏好,遵循同样的流程,可以计算待推荐用户对被推荐用户的偏

---

　　① 也有文献称之为互惠推荐。

好,并对二者计算其调和平均数作为双边偏好分数。算法进而可以选择双边偏好分数最高的用户作为推荐对象。然而,以上算法存在一些局限性,例如,连续变量,如年龄等,需要被转化为离散值输入算法;该算法还倾向于推荐热门用户,而新用户或者不活跃用户则不容易出现在推荐列表中。

从协同过滤的角度出发,双边协同过滤模型(RCF)[82]思路通过相似度计算以及历史行为记录推荐用户可能喜欢的目标。不同于传统推荐的是,这里的用户交互行为是双向的,用户向其他用户发出邀请的同时也会收到其他用户的邀请。所以在计算相似度时,可以从他们发出邀请的群体(兴趣相似度)和接收邀请的群体(吸引力相似度)两个角度入手。更进一步,如果两个用户发出邀请的用户群体存在较大重合,则证明二者具有较高的兴趣相似度,而如果两个用户接收到同一群体的好友邀请,则证明二者具有较高的吸引力相似度。在定义用户 x 对用户 y 的偏好 P_{xy} 时,需要计算用户 x 与用户 y 的邻居节点的相似性。邻居节点可以定义为 y 感兴趣的用户或者对 y 感兴趣的用户,相似性同样可以分为兴趣相似度和吸引力相似度。得到 P_{xy} 后,以同样的方式计算用户 y 对用户 x 的偏好 P_{yx},即计算用户 y 与用户 x 的邻居节点的相似性,最后得到 P_{yx}。而二者的双边偏好可以表示为调和平均数,即 $p_{x\leftrightarrow y}=2/((P_{xy})^{-1}+(P_{yx})^{-1})$。从以上步骤可以看出,该方法计算成本较高,因此应用范围受到限制。同时,依然存在热门用户受到过多关注和请求的问题,而吸引力不高的用户却很难找到合适的匹配对象并最终可能会离开系统。为了解决上述问题,也有研究[83]指出双方偏好值所占的权重不能简单平均,而要考虑双方的行为特点,例如,一个非常活跃但匹配成功率较低的人的偏好所占权重应该较低,等等。因此在 RCF 基础上,提出一个优化方法来决定双方偏好所占比例。

同样是基于协同过滤的思路,Neve 等[81]提出隐因子双边推荐模型(Latent Factor Reciprocal Recommender,LFRR),该模型对于线上交友的不同性别的行为做出区分。借鉴矩阵分解的方法,通过男性对女性的交互矩阵和女性对男性的交互矩阵分别学习到两组隐因子,分别表明男性对女性的偏好和女性对男性的偏好。在推荐时,对于任意一组用户,根据模型训练得到的四个隐因子矩阵,得到两个单边偏好值,并对其做聚合处理,最终推荐效果与双边协同过滤模型相似,但运算效率要显著更高。同样,基于矩阵分解的思路,Ting 等[84]将交互矩阵表达为 U、B、V 三个矩阵相乘的形式,引入了一个互吸引力指标,用于刻画双方偏好的整体水平,并将其用在 B 矩阵的迭代优化过程中。另有研究[85]对贝叶斯个性化排序框架进行扩展,不同于以往研究考虑积极和消极反馈两种形式的做法,该研究将互相喜欢、单边喜欢以及负向反馈这三种反馈类型加入模型,进行特征优化学习。内容协同推荐模型(Content Collaborative Recommender,CCR)[86]结合了基于内容的双边推荐和双边协同过滤推荐两个模型的思路,即,同时考虑用户的属性信息以及交互行为的相似性,并取得了显著的效果提升。虽然它一定程度上克服了冷启动问题,但在计算相似度方面依然是基于存储的方式,因此很难扩展到大规模实时推荐的场景。在其他场景,如职位推荐[87]或者科研合作者推荐[79]的场景中,概率生成模型也被提出用于对匹配的过程和影响因素进行建模。Kutty 等[88]从社交网络的角度考虑交友匹配这一问题,将双边用户形成一个二部图网络,先挖掘出相关社区,进而推荐相关社区内的用户。Li 等学者[89]提出了一个一般化的双边推荐框架,综合考虑了用户的活跃度和可得性信息,基于 TF-IDF 将文本信息融入模型,并将整个社交网络二部图分为几个子图,在每一个子图内优化目标函数,使得相似的用户的目标函数值更为相近。

　　虽然双边推荐领域已有不少研究工作,但纵观上述研究可以发现,其利用的信息来源往往是结构化信息,如交互历史、用户属性等,而很少考虑到文本、图像等多模态数据。这一点也在 Palomares 等学者[39]对于双边推荐领域的最新综述中有所体现,该场景典型的多模态数据包括用户发布的文本内容以及图像信息等。该综述提到,现有相关研究较少可能存在如下原因:一方面是将这类数据融入双边推荐中具有较高的难度;另一方面,由于隐私等问题,通常这类数据很难获得。虽然在社交媒体领域有不少基于文本进行推荐的研究[35],但是并没有对双边的偏好进行建模。作为已知的较少的几篇运用深度学习进行双边推荐的研究之一,Luo 等学者[90]提出随机卷积神经网络,用于从交互矩阵及社交网络中提取用户特征,再进一步通过强化学习模块来筛选相关特征,然而该模型没有考虑非结构化数据的作用。本书将以用户在线上交友场景中的自我呈现为理论基础,从用户发布的文本内容中通过自然语言处理相关模型挖掘用户个性化风格,从而提高双边推荐的表现并丰富这一领域的研究工作。

2.3.2　文本建模

　　得益于深度学习的进展,自然语言处理领域近年来也取得了一系列突破进展。2013 年,词向量模型(Word2vec)被提出[91],旨在学习词语向量表示的同时,用向量之间的距离远近来表征词语与上下文之间的语义关系。基于类似的思路,Dokyun Lee 等学者[92]聚焦于商业管理情景,提出了一个从文本中自动提取重要概念的模型,该模型兼顾了词语与概念之间的隶属关系以及概念与关心因变量之间的相关关系。而某些结构化文本属性信息也可以用异质信息网络进行表示学习[93]。Kim[94]基于卷积神经网络结构提出了文本卷积神经网络模型,该模型基于对文本矩阵进行多种类型的卷积和池化操作,实现对句子的分类。文本信息本质上是一段序列输入,词语之间的先后顺序也包含重要信息,为了更好地刻画这种顺序,基于循环神经网络的模型及其变体相继被提出,如长短时记忆网络(LSTM)文本模型、双向长短时记忆网络(Bi-LSTM)文本模型[95]等。由于 LSTM 模型存在长距离梯度消减的问题,一种新的基于注意力机制的模型逐渐取得更好的效果,具有代表性的是 2017 年提出的 Transformer 模型[96]。该模型由编码器和解码器构成,同时用多头注意力的结构完全取代卷积神经网络和循环神经网络,并取得了非常好的测评效果。

人类在观察物体的时候会有选择性地聚焦于某一方面,而忽略其他方面。基于人类视觉的这一特点,注意力机制被提出[96],基于该机制的深度学习模型也具有较高的可解释性。在评分预测时,有学者指出,在卷积神经网络基础上加入局部注意力和全局注意力机制来提取评论文本的局部和全局特征,并进行协同打分预测[97]。基于相似的思路,可以将注意力加在不同历史记录上,来决定当前某一时刻待推荐的文章[98]。在图像推荐的场景,用户对某一张图的不同部分以及不同图片的偏好是不同的,基于物体和基于组成部分的两种注意力机制被引入以刻画该不同[99]。由于训练文本模型需要大量的标注数据,在面临数据量不足的情况时,预训练模型具有非常重要的作用,其中,基于注意力机制的 BERT 预训练模型在文本分类、问答、文本概括等多个任务中,都有显著的提升效果[100]。

基于线上交友的场景,Tay[35]等学者提出基于门循环单元模型(GRU)与注意力机制对用户在推特(现更名为 X)上的文本进行建模与特征提取,然后计算两个用户特征之间的相似度,判断二者是否具有亲密关系。然而,该研究没有考虑双边的不同偏好影响因素,并且在用户已经形成亲密关系之后基于双方发布的文本特征进行预测,很难拓展到交友平台异性好友推荐的应用场景。除上述研究之外,注意力机制也被用于知识图谱和文本之间的互学习场景[101]以及基于评论文本为用户打分行为提供解释的研究工作中[102]。

2.3.3　在线交友中的自我呈现

在经济学领域的双边匹配机制设计中,盖尔-沙普利算法(Gale-Shapley Algorithm)[103],也被称为延迟接受算法,是解决双边匹配问题的一个经典算法。其核心思路是市场的一方向另一方发出邀请,另一方在每一轮仅保留最好的邀请,而拒绝其他邀请,如此往复,直到没有人想要再发出邀请为止。另一类重要研究问题是哪些因素会影响匹配结果。具体研究方法是首先基于效用函数对个体匹配决策进行建模,如果匹配后效用值高于匹配前效用,那么个体会选择效用值最大的对象进行匹配,然后根据实证的匹配数据对用户的属性偏好进行参数估计。结果显示,用户在多数属性方面都呈现出相似匹配的原则,而不同性别在具体属性偏好方面存在异质性。相较而言,男性比较在意对方的外貌属性,而女性更在意对方的收入水平[104]。此外,与平台政策相关的因素也会影响匹配的形成,Jung 和 Bapna[105]基于在线交友应用的不同版本,得出结论为,在移动端引入之后,人们的参与度、发信息数量以及匹配成功率更高。另有随机试验表明,匿名的设计会降低匹配的数量[106]。然而,受限于数据可获得性,这类研究同样仅仅讨论了年龄、教育背景、收入、种族等结构化属性,很少涉及个人特质等隐性因素。本书将双边匹配问题从关注结构化显性因素拓展到关注隐性因素,从而对用户之间如何形成匹配这一问题有更加全面的理论认知。

自我呈现(self-presentation)是人通过复杂的内在谈判过程以及后期一致的、补充性的行为表现而对外界展现出的一个有形实体身份[107],这个过程也被称作印象管理(impression management)。自我呈现在线上交友平台中发挥重要的作用,它直接决定了其他人产生的第一印象,包括信任程度、好感度等,进而影响了人们建立联系的意愿[108]。人们在网络空间的自我呈现有多种动机,包括一些外在的驱动事件、对于个人成长的渴望以及个人对外宣传等。与线下场景不同,用户会使用一些策略来创造出理想的个人形象,例如,选择某些特定的信息构造一个数字化的自我,通过扬长避短在网络空间营造一个完美的形象,或者通过与某些标志或者组织相联系,以表明自己的组织认同感等[107]。有学者分析用户在社交媒体上发布的转发内容,发现其在话题分布上与原创内容较为相似,作为自我呈现的一种策略,目的是强化自己在某些话题上的权威。该现象对于一些专业用户尤其显著[109]。

在线上交友场景中,借鉴社会信息处理理论(Social Information Processing Theory),为了吸引异性的关注,人们可能会选择在准确性(accuracy)和理想性(desirability)之间做出权衡[110]。一些文献提到虚假信息问题,即,在线交友环境中 80% 的人们会倾向于美化自己[111],选择性地展示部分对自己有利的信息[108],甚至通过有意识的说谎行为来增加自身的吸引力。例如,人们会故意低报自己的体重数值,来展示出理想的自我形象,同时在现实生活中努力减肥以达到个人资料中显示的体重数字,或者为了能够出现在别人的搜索列表上不被系统过滤而虚报年龄。由于大家普遍意识到虚假信息的存在,人们一方面对他人的资料的可信度天然产生怀疑,另一方面也会通过各种方式努力提升自身资料的可信度(warranting)[108],例如,尽量发布个人站立姿势的照片,因为偏胖的人会采取坐姿以隐藏体重;或者通过故事来展现个人特质,而不是简单堆砌形容词列表。

在理想性之外,由于各种现实压力的存在,如,线下见面并发展为长期关系的可能性,以及虚假信息对线下真实社交圈的可见性等,线上交友平台用户也会注意自身描述的准确性,使对外呈现出来的自我形象更趋向于真实的自己。同时,用户对未来关系走向的预期会影响其线上的自我披露策略[112]。Gibbs 等学者[112]主要讨论了诚信度、披露信息量、披露意愿以及情感极性这四方面的策略与感知的成功可能性的关系,感知的成功可能性包括策略性成功和自我呈现成功两方面。以上关系还受到个人认知经验的影响。研究结论发现,有长期目标的人由于更希望展示真实的自己,因此并不会披露更加积极的内容。同时,诚信度负向影响感知的成功可能性,因为自身的一些局限或不足可能会影响用户的信心。

用户在交友平台表达的文本内容是自我呈现的重要媒介,文本的表达具有较大的自由空间,能够充分展现用户的个人风格。要表达什么以及以何种方式来表达是用户需要考虑的重要方面。在本书所研究的基于问答形式的交友匹配机制中,用户通过回答对方的问题发送好友请求,而关于对方是否通过答卷的判定影响双方是否成功匹配。用户提出的问题可以是任何形式的,反映了他对对方感兴趣或者想要了解的方面,也展现出他个人的自我呈现风格。另一方用户做出的回答则在给定问题的语境下,提供了充分的自我展示空间来呈现该用户想要呈现的形象,每个用户都可以在理想型和准确性之间做出选择。与一般的社交平台文本不同,问答文本本身形成了一个用户自我表达的语境,因而在建模时,一方面需要考虑二者之间存在的语义关联关系,另一方面需要考虑二者呈现出来的不同用户特质。从偏好角度看,有些人可能更容易被理想化的自我呈现所吸引,有些人则可能会对真实的自我呈现更有好感。想要获知用户对于不同自我呈现风格的倾向以及偏好程度,就需要对提问和回答文本同时进行建模分析。

因此,在本书的交友推荐场景下,通过梳理已有的自我呈现相关文献,本节论证了问题和回答文本的重要意义,它们和用户的其他行为数据一起,共同体现了双边用户各自的自我呈现风格以及偏好。更进一步,自然语言处理和深度学习技术提供了行之有效的工具,使得本书可以对复杂文本内容进行建模分析并提取用户隐性特征。

2.4　消费者生成图像的行为影响

2.4.1　图像在电子商务平台的作用

图像是广泛存在于电子商务平台的重要信息。以往,大量文献研究了广告图像的设计和构成如何影响消费者的态度。众所周知,图像通常比文本更加令人印象深刻[113],图像可以影响态度形成过程中的认知过程[114],甚至会导致态度出现偏差。关于图像与文本的交互,研究表明,当相关文本传达的信息比较积极[115]时,图像能够增强说服力。在全景图片中,景色位于上三分之一或者下三分之一的位置会引起抽象或者具体两种不同的心理构念,而文本宣传内容与图像的风格保持一致才能实现较好的广告效果[116]。另有研究发现,在网站设计中,人的图像的存在会影响社交临场感和消费者的信任程度[117],也有研究发现人脸会分散人们的注意力,减少感知的信息量[118]。更进一步,Jiang 等学者[119]通过设计实验室环境下的实验,比较视频以及虚拟产品体验两种产品展现形式对于感知到的网站诊断性以及网站知识获取的不同影响,发现二者均比静态图像具有更高的诊断性,但是实际获得的知识量没有显著差异。由于图像分析的复杂性和信息的丰富性,以往的研究大多是在实验室情境下进行的,而且通常聚焦于产品营销领域,主要关注广告的有效性和说服力,很少关注消费者购买后的满意度。

深度学习近年来取得的进展为大规模图像分析提供了工具和模型[60,127]。在电子商务背景下,一些研究考察了产品图像与相关结果变量(如点击行为、购买意愿、消费者转化和消费者需求等)之间的相关性[120-121,125](表 2.1)。在这些研究中,学者关注的视觉因素包括是否存在模特的面孔[125]、图像美学[121]、色彩属性[120]、图像组成和复杂性[125]以及图像-文本匹配度等[126]。例如,So 等[120]从脸书广告图像中提取各种图像属性,如面部表情、敏感性内容等,发现这些属性对于消费者搜索和购买意愿有不同的影响。基于一个社交购物的网站,研究者发现产品图像的颜色、构成、复杂度以及是否有模特面部出现都会影响购买意愿,其中,明亮的色彩、更大面积的中心物体以及适度的复杂度更易受到消费者青睐[125]。基于房屋租赁平台 Airbnb,Zhang 等学者[121]发现认证过的房屋图像能够带来 17.5% 的需求增长,而通过图像分析技术,作者提取出了 12 个低维度的衡量图像质量的属性,并发现认证过的图像引起的更高需求可以被以上 12 个属性特征所解释。

表 2.1   图像属性及影响相关研究

作　者	研 究 对 象	图 像 属 性	因　变　量
So 和 Oh(2018)[120]	Facebook 平台的广告图像	面部表情、敏感内容、色彩属性、图像中物体	用户点击与转化率
Zhang et al.(2021)[121]	Airbnb 平台的房屋图像	12 个结构化属性,包括图像构成、颜色、前背景关系三方面	房屋订单数量
Shin et al.(2020)[122]	Tumblr 平台的公司发帖	包括敏感内容、名人、图文一致性	帖子点赞和转发数量

续表

作　者	研 究 对 象	图 像 属 性	因　变　量
Liu 和 Mizik（2020）[123]	Instagram 平台用户图像	品牌属性,如健康、有趣、魅力、耐用性	品牌属性预测准确程度
Karimi 和 Wang（2017）[124]	评论者头像	图像内容（本人、家庭或其他）	评论有用性
Wang et al.（2016）[125]	社交购物网站产品图像	构成、颜色、复杂度、是否有人脸	用户点击
Li 和 Xie（2020）[126]	Twitter（现名 X）和 Instagram 上的用户图像	图像质量、是否有人脸、图文匹配度	用户参与度

图像在 Twitter（现名 X）和 Instagram 等社交分享平台同样发挥重要作用[126],色彩的丰富性对用户参与度的影响根据图像类别的不同而有所不同,图文匹配度以及人脸的出现会在 X 上带来更高的参与度,而该效果在 Instagram 上不显著。从消费者的视角来看,在阅读时,具有视觉信息的文章具有较高的可信度,并且读者能够产生较高的阅读兴趣[128]。Shin 等[122]衡量了不同视觉元素对一个帖子在 Tumblr 平台上的受欢迎程度的影响。他们发现,适当的视觉刺激,如名人和高审美的图像,会积极影响参与程度,而过于复杂的图像内容则会产生相反的效果;同时,运用文本挖掘的方法,考虑文本特征,可以更进一步增强模型对于发帖热门程度的预测效果。Liu 等学者[123]开发了 BrandImageNet 模型,以消费者在社交媒体上发布的图像作为输入,通过卷积神经网络判断品牌属性。该模型在时装和饮料等累计 56 个品牌中进行测试,发现分类结果与官方品牌定位以及消费者问卷调查结果具有高度一致性。

从算法模型的角度,研究者提出用于自动预测图像质量的算法[129],即利用计算机视觉领域的前沿深度神经网络模型,通过大规模标注数据集进行模型训练和评测,但该类模型可能受限于数据集所在的场景,仅仅在专业摄影图像数据上表现良好,而未必能够适应其他的场景。此外,从用户生成的图像中可以挖掘用户兴趣[130],或者从图像中分析情感极性[131]。

以上研究的主要对象集中在卖家提供的广告图像或者社交媒体网站上的用户图像,而从消费者角度,极少数研究从购买意愿、评论有用性及信任度等角度讨论了用户生成图像的影响。基于小样本的实验室实验,Zinko 等学者认为评论中的图像内容一方面可以弥补文字内容过少带来的信息不足,另一方面则可以抵消文字内容过多而导致消费者产生的负面情绪[132],从而能够提升消费者的购买意愿。评论图像能够有效地预测评论有用性[133],评论者的图像也被证实对评论有用性产生积极影响,但该积极影响与图像是否是本人真实图像无关[124]。带有图像的评论也更加容易获得消费者的信任[186]。整体而言,针对电商平台的消费者图像研究主要讨论了其对购买前的感知变量的影响,同时小样本的实验没有考虑到现实生活中消费者图像的高度异质性。本书旨在填补这一空白,并研究消费者生成图像对平台后续产品评分(消费者的购后满意度)的影响。

2.4.2　产品评论的影响因素

在线产品评论被定义为"用户发布在公司或第三方网站上的对于产品的评价"[134]。现有的文献广泛地讨论了影响产品评论和产品评分动态的各种因素。

社交影响被认为是评分动态中的一个重要影响因素[135-136]。一条评论的打分可以被分解为基准打分、社交影响再加上随机误差[137]。根据评论环境和评论者的特点,在不同情况下会产生不同程度的从众或者差异化行为[138-140]。例如,一些研究发现,开始的正面评价会导致随后产生更多的负面评价[137,141]。Moe 和 Schweidel[142]发现消费者在产品体验较为满意和不满意时更倾向于发表评论,并且发表评论不频繁的用户更多展现出从众行为,而活动频繁的用户展现出求异行为。对于以往的不同评论者身份[139],人们倾向于在朋友评价之后产生从众行为,而在陌生人评价后产生求异行为概率更高。他人的评价打分还会起到调节作用,调节产品负面特征、失败或者补救措施对于消费者打分的影响[135]。基于社交媒体上的一个大型随机试验,研究者发现,把某条状态的投票数量人为增加一票,会引起显著的从众效应,短期和长期的整体投票数都有所提升;而有趣的是,人为降低投票数量带来的低评分偏差却会被自动纠正[136]。

社交因素也会对评论内容产生影响。人们的评论行为会因为与社交账号绑定并且需要考虑自身评论对社交圈的影响而发生变化,具体表现为评论数量有所增加,但质量降低,同时认知方面的评价减少,与否定相关的词汇也减少[139,143-144]。Ma 等学者[145]借鉴了推敲可能性模型,认为人们在写评论时会受到之前评论的影响,并且该影响与评论者自身和评论相关因素有关。由于社交影响相关研究模型会存在内生性的问题,即,无法区分是用户本身的相似性还是社交影响引起的从众行为,Rishika 等学者使用了动态倾向得分匹配模型(dPSM)。该模型一定程度上能够解决上述问题,也证明了社交关系的类型同样重要,因为互惠的关系比追随者和被追随者关系具有更大的影响[146]。

此外,评论发布行为和评论打分受到平台设计元素、平台特征和平台相关政策的影响。免费产品样品的发放会导致消费者出于互惠行为的动机提升产品的评分,而打分行为也受到产品价格和产品热门程度的调节作用[147]。出于对评论环境的不信任,消费者在完成产品体验后,通过观察其他消费者的打分,会更新自己对于系统的信任程度,并因此而影响其之后的评论行为和打分高低[148]。问答模块的存在作为对已有评论系统的补充,通过回答消费者关心的问题降低了信息不确定性,从而能够提升后续产品的评分[149]。管理者在评论系统内的及时回复也会影响后续产品评论的趋势[150]。

大多数产品评分遵循随时间递减的趋势[151-152]。Li 和 Hitt[151]认为产品评分随着时间下降是由于前面的购买者和后面的购买者偏好存在不同,而另外一种可能的原因是随着评论数量的不断累积,评论的可诊断性下降,影响了消费者的决策质量[152]。评论的真实性也受到广泛关注,以评论网站 Yelp 平台为例[153],16%的评论会被算法过滤,通过对产生虚假评论的商家进行分析,可以将虚假评论的产生归结为两个原因:商家自身信誉下降以及竞争加剧。除了真实性外,评论的代表性也值得关注,即,可能存在自选择偏差[154-155],一些评论者可能会策略性地采取特定的评分策略来获得其他人的关注[156]。例如,考虑到不同热门程度的产品受到关注的程度不一样,同时若一个产品已经产生了大量评论,则后续评论受关注的程度会降低,因而消费者在评论时除了产品本身的因素,也会将其他用户的注意力考虑在内[156]。也有研究[154]从建模的角度考虑了两种典型的自选择偏差,分别是获取偏差和不报告偏差,并从理论角度分析这两种偏差对于评论打分的影响以及消费者自身是否能够对上述偏差做出修正。

虽然在影响产品评论评分的因素方面已经取得了诸多的学术进展,但还没有研究讨论消费者生成图像的影响。在现实应用中,消费者生成图像正逐渐成为评论生态乃至平台生态中一个日益重要的组成部分,因而具有较强的研究价值。

2.5　本章小结

本章分别从技术研究和行为研究的视角探讨了以图像文本为代表的多模态数据如何增强现有的推荐服务以及增进对用户评论行为的深入理解。首先,本章关注电商推荐的场景,重点论述了已有的融合图像信息的推荐系统相关工作,并从消费者角度考虑了认知风格这一要素的必要性。然后,聚焦于由结构化属性和文本内容构成的在线交友平台的双边推荐场景,系统讨论了双边推荐的相关工作,自然语言处理技术相关的前沿进展,以及影响双边匹配的一类重要因素——用户自我呈现风格。最后,从行为研究的视角出发,讨论了图像内容,包括广告图像和用户图像在社交、电商平台管理中的作用,并系统梳理了影响产品评分的各类因素,为后续分析消费者生成图像对评分的影响做铺垫。

第 **3** 章　基于图像和文本的产品推荐算法[①]

3.1　背景介绍

　　在当今电子商务市场,数据的数量和种类呈指数级增长,其中多模态数据和用户生成内容占据较大比例[16]。消费者在受益于这些丰富而有用的信息的同时,也面临着网络购物过程中信息过载的问题[157-158]。为了解决这一问题,研究者开发了相关技术和工具来帮助消费者进行产品搜索和决策,其中推荐系统是应用最广泛的决策辅助工具之一,旨在为消费者提供个性化的推荐服务。推荐系统对用户的在线历史行为记录,包括购买、点击等行为,进行深度挖掘,从数据记录中推断消费者偏好,进而推荐消费者可能喜欢的产品。

　　以往研究利用不同类型的数据,例如,消费者个人信息、在线评论、产品描述和社交网络等来提升推荐系统的准确率[21-23,159],而图像信息由于图像处理的高复杂度,融合在推荐算法设计中的难度较大。然而,过去几年,随着深度学习技术的进步,人们在多媒体内容挖掘方面有了更深刻的理解,一些文献尝试通过深度神经网络从视觉图像中提取有价值的信息用于分类预测任务[10,60,160]。

　　线上消费者的第一印象通常来自产品的视觉表达内容或产品图像[115]。图像在感知和说服力方面的优势在以往消费者心理相关研究[161]中得到了大量研究和广泛证明。产品图像提供了视觉线索,作为文本之外的补充,降低了产品信息不确定性,能够快速吸引消费者的注意,并且给消费者留下的印象更为深刻[113,125]。此外,当消费者在网上做出购买决定时,他们自然而然地会同时考虑多种类型的信息,例如产品图像、产品描述和产品评论,这意味着他们会基于多个信息源综合分

---

①　本章部分内容已发表于 *Decision Support Systems* 期刊 2019 年第 118 期。

析,最后做出购买决策。

对于视觉和文本的内容,以往研究发现,视觉信息是文本内容的补充,而非替代[53]。例如,一件连衣裙可能会有这样的描述:"印花、圆领、长袖、两边有口袋"。该描述虽然有用,但并没有提供花卉图案的细节及确切的口袋位置,而这些信息对消费者来说可能非常重要。一张产品图像则可以清楚地显示以上信息,弥补了文本信息的不足,这在体验型产品的购买过程中体现得尤为明显。同时,有些特征(如材质、生产时间等)只能在文本中准确描述,从图像中难以推断出来。因此,从多视角的角度出发将图像和文本内容结合起来,有效地提高推荐的质量,具有理论和实践的创新意义。

除了图像和文本带来的信息异质性之外,不同消费者的认知风格也存在差异。认知风格是指人们思考、感知和记忆信息的方式,认知风格对人们的行为和决策过程有显著影响[162-163]。已有研究对认知风格模型进行了探讨,其中 Riding 和 Cheema[73] 提出了认知风格分类维度中的文字-图像维度,与本书的研究场景最为相关。文字-图像维度描述了个体在思维形成过程中对信息进行记忆和表征的模式。具体而言,情感型用户对视觉线索更敏感,倾向于以图像的方式存储、记忆和处理信息;而认知型用户对文字线索[164]更敏感,倾向于以文本的方式存储、记忆和处理信息。基于多模态数据的推荐算法在考虑不同信息形式异质性的同时考虑消费者认知风格的异质性,可以进一步提升推荐的效果。

将产品内容和用户("用户"和"消费者"在下面的部分中将互换使用)双方的异质性融入推荐系统设计中,涉及双重的挑战。首先,产品内容的异质性需要借助不同的建模方法确保每种内容载体都有合适的结构化表示,而用户的异质性则需要反映用户对相关内容的不同关注和偏好。其次,针对以上的不同表征和用户认知风格的不同,需要形成一个整体的算法框架。值得注意的是,尽管已有相关文献讨论了视觉和文本内容之间的互补关系[52],但上述挑战并没有得到有效的解决,这也是本章的核心关注点。

综合以上论述,本书提出了一个基于多模态信息融合的深度神经网络推荐模型(Deep Multimodal Information iNtEgration Recommender System,Deep-MINE),该模型对视觉和文本内容分别运用表示学习的方法,通过自编码器网络将其映射到统一的隐式空间。在此基础上,引入认知变量来表征用户认知风格的异质性。然后,模型通过个性化的认知风格增强后,采用嵌入方法学习视觉和文本内容之间可能存在的相互作用,最后结合消费者的个性化偏好生成产品推荐列表。基于亚马逊平台的两个真实数据集,本书通过大量的数据对比实验验证了 Deep-MINE 模型的有效性。值得一提的是,Deep-MINE 模型在处理冷启动问题时,突出表现了综合多模态数据进行推荐算法设计的优势。

本章的其余部分组织如下。3.2 节给出了模型的框架和问题描述,以及参数的学习过程和产品推荐步骤。3.3 节进行了一系列数据实验及结果展示,以证明本书提出的模型的性能优越性及效果稳健性。最后,3.4 节介绍研究结论和未来工作方向。

3.2　模型框架和计算方法

3.2.1　问题描述

本章定义电商场景下的推荐问题如下:在一个多模态数据构成的信息背景下,J 代表所有相关产品构成的集合,对于每个产品 j,它至少有一张图像 M_j、一段文本描述 D_j 和一组评论 $R_{j1}, R_{j2}, \cdots, R_{jm}$。$I$ 为所有用户构成的集合,对于每个特定的用户 i,其购买历史已知,所有用户的购买历史构成一个邻接矩阵 $\boldsymbol{X}$,其中 $X_{ij}=1$ 表示用户 i 购买了产品 j,否则 $X_{ij}=0$。

用户购买行为可以看作一种隐式反馈[165],因为它间接地反映了用户的偏好。在不失一般性的前提下,假设用户 i 购买了产品 j 而不是产品 $j'(j, j' \in J)$,那么我们认为用户对产品 j 的偏好高于 j',形式化表示为 $j >_i j'$[17]。与文献[28]保持一致,我们使用用户-产品对构建训练数据集。更具体地,假设对于用户 i 来说,他购买的所有产品的集合表示为 $J_i^+(J_i^+ \subset J)$,则数据集可以形式化地表示为 $S = \{(i, j, j') | j \in J_i^+, j' \in J - J_i^+\}$,或者表示为 $S = \{(i, j, j') | X_{ij}=1, X_{ij'}=0\}$。给定以上信息,我们的推荐任务是对于用户未提供任何反馈的产品进行排序,进而根据排序分数大小为每个用户生成个性化产品推荐列表。表 3.1 给出了本章模型使用的主要符号、对应维度及其解释说明。

表 3.1　本章模型使用的主要符号、对应维度及其含义

符　号	维　　度	描　　　述
M_0, M_6	$[1, 50, 38, 3]$	图像卷积自编码器输入及输出
M_3, D_2, R_2	$[1, 100]$	图像、文本描述、文本评论信息表示
D_0, D_4	$[1, 1461]$	文本描述自编码器输入及输出
R_0, R_4	$[1, 1894]$	文本评论自编码器输入及输出
W_1	$[3, 3, 3, 64]$	图像卷积自编码器第一层卷积核

续表

符号	维　度	描　述
W_2	$[3,3,64,64]$	图像卷积自编码器第二层卷积核
W_3	$[121600,100]$	图像卷积自编码器第三层全连接矩阵
Q_1	$[1461,400]$	文本描述自编码器第一层全连接矩阵
N_1	$[1894,400]$	文本评论自编码器第一层全连接矩阵
Q_2,N_2	$[400,100]$	文本描述、文本评论自编码器第二层全连接矩阵
$\alpha_1,\alpha_2,\alpha_3$	$[1]$	用户 i 个性化认知风格向量
f_c	$[1,300]$	产品图像、文本描述、文本评论信息表示拼接
W_{fu}	$[300,80]$	产品信息表示嵌入矩阵
f_j,θ_i	$[1,80]$	产品信息整合向量、用户对整合信息的偏好
v_j,u_i	$[1,20]$	产品隐式信息表示向量、用户对隐式信息的偏好
α_i,β_j	$[1]$	用户 i 和产品 j 的截距项
x_{ij}	$[1]$	用户 i 对产品 j 的偏好

3.2.2　Deep-MINE 模型

本章的整体推荐模型由信息表示、认知层和信息整合三部分组成,每部分都有特定的建模目标,其具体结构会在下面的小节进行详细介绍,而这三部分又构成了一个统一的深度神经网络,模型框架如图 3.1 所示。

3.2.2.1　多模态信息表示

本节旨在将异构信息映射到统一的向量空间中,通过深度神经网络获得表征原始输入信息的潜在因子。

针对产品图像,我们设计了一个 6 层的堆栈式卷积自编码器网络[61]。一方面,卷积神经网络在其潜在的高层次特征表示中可以保持输入的邻域关系和空间局部性,在图像分类相关任务中表现出优越的性能[10,160]。另一方面,自编码器结构可以尽可能多地提取、保留产品鉴别性信息,同时将高位复杂数据转化为向量形式。针对文本信息,对每一个产品的内容都生成一个词袋向量表示(bag-of-words),并设计一个 4 层的堆栈式自编码器网络进行表示学习,通过节点逐层下降获得其潜在特征表示[45,166]。这里,自编码器网络的层数选择与以往文献[34-45]保持一致,不同网络层数的实证结果比较将在 3.3.3 节中讨论。图 3.2 和图 3.3 分别为

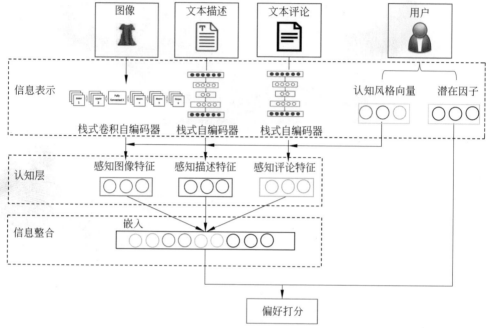

图 3.1　Deep-MINE 模型框架

图像和文本两种类型信息的自编码器网络框架，潜在向量表示的生成过程具体
如下。

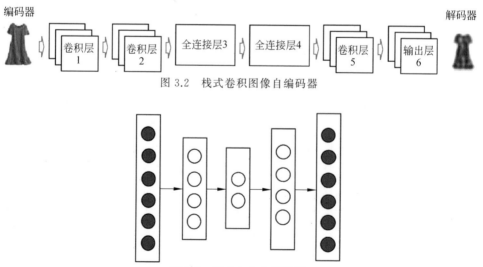

图 3.2　栈式卷积图像自编码器

图 3.3　栈式文本自编码器

对于堆栈式卷积自编码器,1、2、5、6 层为卷积层,3、4 层为全连接层。假设产品 j 的输入图像记为 $\boldsymbol{M}_0$。对于每一层(编号为 l),设其权值参数 W_l 的每一列 k 服从正态分布,即 $W_{lk} \sim N(0, \lambda_w^{-1} \boldsymbol{I})$,设偏置参数 $\boldsymbol{b}_l$ 同样服从正态分布。如果 $l=$ $1,2,5,6$,则每一层 l 的输出取决于该层网络参数与上一层输出的卷积运算,即 $\boldsymbol{M}_l = \sigma(\boldsymbol{W}_l * \boldsymbol{M}_{l-1} + \boldsymbol{b}_l)$,其中 $*$ 表示卷积运算。如果 $l=3,4$,则 $\boldsymbol{M}_l = \sigma(\boldsymbol{W}_l \cdot \boldsymbol{M}_{l-1} + \boldsymbol{b}_l)$,其中 $\cdot$ 表示矩阵乘法。中间层输出 $\boldsymbol{M}_3$ 作为产品 j 的视觉特征表示。由自编码器的定义可知,通过训练自编码器的网络参数,可以使得输入的原始信息在最后一层能够以较小的误差被重新构建。编码器和解码器共享相同权值参数,其输出分别如式(3-1)和式(3-2)所示。

$$\boldsymbol{M}_3 = g_1(\boldsymbol{M}_0, \boldsymbol{W}, \boldsymbol{b}) = \sigma(\boldsymbol{W}_3 \cdot \sigma(\boldsymbol{W}_2 * \sigma(\boldsymbol{W}_1 * \boldsymbol{M}_0 + \boldsymbol{b}_1) + \boldsymbol{b}_2) + \boldsymbol{b}_3) \quad (3\text{-}1)$$

$$\boldsymbol{M}_6 = g_1'(\boldsymbol{M}_3, \boldsymbol{W}, \boldsymbol{b}) = \sigma(\boldsymbol{W}_1' \cdot \sigma(\boldsymbol{W}_2' * \sigma(\boldsymbol{W}_3' \cdot \boldsymbol{M}_3 + \boldsymbol{b}_4) + \boldsymbol{b}_5) + \boldsymbol{b}_6) \quad (3\text{-}2)$$

对于文本堆栈式自编码器,假设产品 j 的文本描述记为 $\boldsymbol{D}_0$。对于每一层 l,设其权值参数 Q_l 的每一列 k 服从正态分布,即 $Q_{lk} \sim N(0, \lambda_q^{-1} \boldsymbol{I})$,设偏置参数 C_l 同样服从正态分布。每一层 l 的输出取决于权值矩阵、偏置参数和上一层的输出,即 $\boldsymbol{D}_l = \sigma(\boldsymbol{Q}_l \cdot \boldsymbol{D}_{l-1} + \boldsymbol{c}_l)$,中间层输出 $\boldsymbol{D}_2$ 作为产品 j 的文本表示,因此针对产品描述的编码器和解码器网络输出分别用式(3-3)和式(3-4)来表示。

$$\boldsymbol{D}_2 = g_2(\boldsymbol{D}_0, \boldsymbol{Q}, \boldsymbol{c}) = \sigma(\boldsymbol{Q}_2 \cdot \sigma(\boldsymbol{Q}_1 \cdot \boldsymbol{D}_0 + \boldsymbol{c}_1) + \boldsymbol{c}_2) \quad (3\text{-}3)$$

$$\boldsymbol{D}_4 = g_2'(\boldsymbol{D}_2, \boldsymbol{Q}, \boldsymbol{c}) = \sigma(\boldsymbol{Q}_1' \cdot \sigma(\boldsymbol{Q}_2' \cdot \boldsymbol{D}_2 + \boldsymbol{c}_3) + \boldsymbol{c}_4) \quad (3\text{-}4)$$

由于产品评论 $\boldsymbol{R}_0$ 也是文本信息,和 $\boldsymbol{D}_0$ 类似,我们针对 $\boldsymbol{R}_0$ 构建了一个类似的 4 层堆栈自编码器,并有如下的输出结果:$\boldsymbol{R}_2 = g_3(\boldsymbol{R}_0, \boldsymbol{N}, \boldsymbol{t})$,$\boldsymbol{R}_4 = g_3'(\boldsymbol{R}_2, \boldsymbol{N}, \boldsymbol{t})$。此外,为了确保获得对每个信息视角的有效表示,我们引入了均方误差(MSE)损失函数以最小化重构误差,并加入正则化项来控制网络参数的规模(三类信息的自编码器的损失函数分别表示为 L_1、L_2 和 L_3),如式(3-5)~式(3-7)所示,其中 λ_m、λ_d、λ_r 为模型超参数,λ_w、λ_b、λ_q、λ_c、λ_n、λ_t 为对应的正态分布参数。

$$\min L_1 = \frac{\lambda_m}{2} \sum_j \parallel \boldsymbol{M}_L - \boldsymbol{M}_0 \parallel_2^2 + \frac{\lambda_w}{2} \sum_l \parallel \boldsymbol{W}_l \parallel_2^2 + \frac{\lambda_b}{2} \sum_l \parallel \boldsymbol{b}_l \parallel_2^2 \quad (3\text{-}5)$$

$$\min L_2 = \frac{\lambda_d}{2} \sum_j \parallel \boldsymbol{D}_L - \boldsymbol{D}_0 \parallel_2^2 + \frac{\lambda_q}{2} \sum_l \parallel \boldsymbol{Q}_l \parallel_2^2 + \frac{\lambda_c}{2} \sum_l \parallel \boldsymbol{c}_l \parallel_2^2 \quad (3\text{-}6)$$

$$\min L_3 = \frac{\lambda_r}{2} \sum_j \parallel \boldsymbol{R}_L - \boldsymbol{R}_0 \parallel_2^2 + \frac{\lambda_n}{2} \sum_l \parallel \boldsymbol{N}_l \parallel_2^2 + \frac{\lambda_t}{2} \sum_l \parallel \boldsymbol{t}_l \parallel_2^2 \quad (3\text{-}7)$$

3.2.2.2　认知风格建模

根据认知风格的文字-图像维度[73],用户在信息处理过程中存在对文字和图像内容的不同偏好,即一些用户可能更重视图像,而另一些用户可能更关注文本。在

Coffield 等学者的研究[75]中,认知风格是通过实验室实验的方法获取的。在实验中,参与者被要求完成一项针对特定任务的调查问卷。然而,在真实的网上购物环境中,消费者通常数量众多,很难通过上述方法明确评估他们的认知风格。因此,本书提出了一个整合模型,从用户的隐式反馈中以数据驱动的方式学习用户的认知风格,隐式反馈在本章情境下即购买信息。基于该思想,在 Deep-MINE 模型体系结构中添加了一个认知层,一个分别代表消费者对产品图像、文本及评论的认知偏好的三维向量被施加在三种不同的信息类型上。与以往文献不同的是,产品描述与文本评论在模型中被分开考虑,因为在电子商务平台上,它们在内容、位置和表达形式上都有很大的不同。

假设用户 i 的认知因子表示为 $[a_{i1}, a_{i2}, a_{i3}]$,由上节可知,三类信息的潜在特征表示为 M_3、D_2、R_2,则用户 i 感知到的信息被调整为 $[a_{i1} \cdot M_3, a_{i2} \cdot D_2, a_{i3} \cdot R_2]$。认知因子将在模型训练阶段通过学习和训练得到,式(3-20)给出了认知因子的更新公式。

3.2.2.3   多模态信息整合

在得到了用户感知信息向量之后,本章提出了一个整合模块,从多个视角构建一个产品的全貌。首先,将不同类型信息表征如式(3-8)所示进行拼接,其中 c(·)表示拼接(concatenation)操作。然后,在其上加入嵌入表示层,将拼接后的高维度向量 f^c 转换为较低维度向量 f_j,如式(3-9)所示。

$$f^c = c(a_{i1} \cdot M_3, a_{i2} \cdot D_2, a_{i3} \cdot R_2) \tag{3-8}$$

$$f_j = W_{fu} \cdot f^c \tag{3-9}$$

上述嵌入操作是重组利用已知信息的关键步骤[17],图像和文本内容之间可能存在一定的信息冗余,嵌入层的引入可以对不同模态的内容信息进行整合处理。与认知因子类似,其中的权重具体数值 W_{fu} 事先处于未知状态,需要在模型训练阶段学习(学习过程如式(3-19)所示),因为不同类型信息的整合机制高度依赖于具体情境。现在由于三类信息被整合在了一起,f_j 可以被认为是综合表征了产品内容的向量。

除了图像、文本描述和产品评论之外,电子商务平台可能还存在关于该产品的额外信息,这可能会潜在地影响消费者的购买行为。同时,借鉴经典的矩阵分解方法的思路,我们引入因子 v_j 来捕获产品 j 的隐式信息。最终,由隐式信息和内容信息组合而成的产品向量 $\overrightarrow{item_j}$ 被认为综合地表征并刻画了产品 j 的信息全貌,如式(3-10)所示;产品隐式信息的更新式如式(3-17)所示。

$$\overrightarrow{item_j} = c(v_j, f_j) \tag{3-10}$$

3.2.2.4　用户偏好

对产品内容信息综合建模后,用户 i 对产品 j 的偏好 x_{ij} 可以由式(3-11)表示。如前所述,v_j 和 f_j 分别代表一个产品的隐式信息和内容信息,则 u_i 和 θ_i 代表与 v_j 和 f_j 相对应的用户偏好,α_i 和 β_j 分别表示用户和产品特征的截距项。

$$x_{ij} = \alpha_i + \beta_j + u_i^{\mathrm{T}} v_j + \theta_i^{\mathrm{T}} f_j \tag{3-11}$$

结合式(3-8)、式(3-9)、式(3-11),用户 i 对产品 j 的偏好可表示为式(3-12)。参考文献[28],相比于产品 j',用户 i 更偏好产品 j 的概率可以用 Sigmoid 函数来刻画,如式(3-13)所示。

$$x_{ij} = \alpha_i + \beta_j + u_i^{\mathrm{T}} v_j + \theta_i^{\mathrm{T}}(W_{fu} \cdot c(a_{i1} \cdot M_3, a_{i2} \cdot D_2, a_{i3} \cdot R_2)) \tag{3-12}$$

$$P(j >_i j') = \sigma(x_{ij} - x_{ij'}) = 1/(1 + \exp(-(x_{ij} - x_{ij'}))) \tag{3-13}$$

3.2.2.5　目标函数

为了进行模型优化并学习模型参数,本节介绍整体目标函数。因为 Deep-MINE 模型主要有两个待优化模块,即多模态数据表示和偏好学习,所以整体目标函数有两个任务。一项任务是最大程度拟合消费者对产品的偏好排序,即 $\sum_{(i,j,j') \in S} \ln\sigma(x_{ij} - x_{ij'})$;另一项任务是优化自编码器网络的表示学习。因此,在信息表示层中自编码器网络的损失函数,即 $L_1 + L_2 + L_3$,也需要被包含在整体目标函数中。此外,为避免过拟合的情况,还增加了相关模型参数的正则化项。总体的目标函数可以表示为式(3-14),其中 $S(i,j,j')$ 是由三元组 (i,j,j') 组成的训练集,如 3.2.1 节所述。λ_m、λ_d、λ_r、λ_θ、λ_β、$\lambda_{W_{fu}}$ 是控制目标函数中不同组成部分相对权重的超参数。

$$
\begin{aligned}
\max \mathscr{L}&(W, b, Q, c, N, t, \beta, u, v, \theta, a, W_{fu}) \\
= &\sum_{(i,j,j') \in S} \ln\sigma(x_{ij} - x_{ij'}) - \frac{\lambda_m}{2} \sum_j \parallel M_L - M_0 \parallel_2^2 \\
&- \frac{\lambda_d}{2} \sum_j \parallel D_L - D_0 \parallel_2^2 - \frac{\lambda_r}{2} \sum_j \parallel R_L - R_0 \parallel_2^2 \\
&- \frac{\lambda_\theta}{2} \sum_i \parallel u_i \parallel_2^2 - \frac{\lambda_\theta}{2} \sum_j \parallel v_j \parallel_2^2 - \frac{\lambda_\theta}{2} \sum_i \parallel \theta_i \parallel_2^2 \\
&- \frac{\lambda_\beta}{2} \sum_i \parallel \beta_i \parallel_2^2 - \frac{\lambda_{W_{fu}}}{2} \parallel W_{fu} \parallel_2^2 - \left(\frac{\lambda_w}{2} \sum_l \parallel W_l \parallel_2^2 \right. \\
&\left. + \frac{\lambda_b}{2} \sum_l \parallel b_l \parallel_2^2 \right) - \left(\frac{\lambda_q}{2} \sum_l \parallel Q_l \parallel_2^2 + \frac{\lambda_c}{2} \sum_l \parallel c_l \parallel_2^2 \right)
\end{aligned}
$$

$$-\left(\frac{\lambda_n}{2}\sum_l \parallel \boldsymbol{N}_l \parallel_2^2 + \frac{\lambda_t}{2}\sum_l \parallel t_l \parallel_2^2\right) \tag{3-14}$$

考虑到参数的复杂性和模型的非线性关系,不可能找到一个封闭解[34]。因此我们采纳迭代求解的算法,算法细节将在 3.2.3 节中讨论。

3.2.3　参数学习

由于目标函数基于用户产品对数据进行构建,对于每个用户来说,相比于已经购买的产品,有更多的产品他/她没有提供任何反馈(如购买)。因此,我们采用负采样[34]策略,每次从训练集 S 中随机抽取一个产品对,并通过随机梯度下降算法更新相应的参数。

为了获得关于每个参数的梯度,在每次参数更新时使用反向传播算法,相关参数的更新公式显示在式(3-15)～式(3-22)中,其中 $x_{ijj'}=-(x_{ij}-x_{ij'})$,$lr$ 为学习率,t 为批量计算的编号。$\dfrac{\partial f(\boldsymbol{a}_{i1}\cdot \boldsymbol{M}_3,\boldsymbol{a}_{i2}\cdot \boldsymbol{D}_2,\boldsymbol{a}_{i3}\cdot \boldsymbol{R}_2)}{\partial(\boldsymbol{a}_{i1}\cdot \boldsymbol{M}_3)}$ 是一个稀疏矩阵,其中前 n 行为单位矩阵,其余 $m+k$ 行为零,n、m、k 代表图像、文本描述和评论潜在因子的维度。$\dfrac{\partial g_1(\boldsymbol{M}_0,\boldsymbol{W},\boldsymbol{b})}{\partial \boldsymbol{W}_l}$ 和 $\dfrac{\partial(g_1{}'(g_1(\boldsymbol{M}_0,\boldsymbol{W},\boldsymbol{b}))}{\partial \boldsymbol{W}_l}$ 可以直接用反向传播算法进行推导,对于 N、Q、c、t 的更新公式可以使用和 W、b 类似的思路产生,这里为了简洁起见不再展开。算法 1 给出了整个参数学习过程的算法流程。

$$\beta_i^{t+1}=\beta_i^t + lr \cdot (\sigma(x_{ijj'})) \tag{3-15}$$

$$\boldsymbol{\theta}_i^{t+1}=\boldsymbol{\theta}_i^t + lr \cdot (\sigma(x_{ijj'})\boldsymbol{W}_{fu}^t(\boldsymbol{f}_j^c - \boldsymbol{f}_{j'}^c) - \lambda_\theta \boldsymbol{\theta}_i^t) \tag{3-16}$$

$$\boldsymbol{v}_j^{t+1}=\boldsymbol{v}_j^t + lr \cdot (\sigma(x_{ijj'}) \cdot \boldsymbol{u}_i^t - \lambda_\theta \boldsymbol{v}_j^t) \tag{3-17}$$

$$\boldsymbol{u}_i^{t+1}=\boldsymbol{u}_i^t + lr \cdot (\sigma(x_{ijj'}) \cdot (v_j^t - v_{j'}^t) - \lambda_\theta \boldsymbol{u}_i^t) \tag{3-18}$$

$$\boldsymbol{W}_{fu}^{t+1}=\boldsymbol{W}_{fu}^t + lr \cdot (\sigma(x_{ijj'}) \cdot \boldsymbol{\theta}_i^t \cdot (\boldsymbol{f}_j^{c\,\mathrm{T}} - \boldsymbol{f}_{j'}^{c\,\mathrm{T}}) - \lambda_{W_{fu}}\boldsymbol{W}_{fu}^t) \tag{3-19}$$

$$\boldsymbol{a}_{i1}^{t+1}=\boldsymbol{a}_{i1}^t + lr \cdot \sigma(x_{ijj'}) \cdot \boldsymbol{\theta}_i^t \cdot \boldsymbol{W}_{fu}^t \cdot \frac{\partial f(\boldsymbol{a}_{i1}\cdot \boldsymbol{M}_3,\boldsymbol{a}_{i2}\cdot \boldsymbol{D}_2,\boldsymbol{a}_{i3}\cdot \boldsymbol{R}_2)}{\partial(\boldsymbol{a}_{i1}\cdot \boldsymbol{M}_3)}$$
$$\cdot g_1(\boldsymbol{M}_0,\boldsymbol{W},\boldsymbol{b}) \tag{3-20}$$

$$\boldsymbol{W}_l^{t+1}=\boldsymbol{W}_l^t + lr \cdot (\sigma(x_{ijj'}) \cdot (\boldsymbol{\theta}_i^t)^{\mathrm{T}} \cdot \boldsymbol{W}_{fu}^t \cdot \frac{\partial f(\boldsymbol{a}_{i1}\cdot \boldsymbol{M}_3,\boldsymbol{a}_{i2}\cdot \boldsymbol{D}_2,\boldsymbol{a}_{i3}\cdot \boldsymbol{R}_2)}{\partial(\boldsymbol{a}_{i1}\cdot \boldsymbol{M}_3)}$$
$$\cdot \boldsymbol{a}_{i1}^t \cdot \left(\frac{\partial g_1(\boldsymbol{M}_0,\boldsymbol{W},\boldsymbol{b})}{\partial \boldsymbol{W}_l} - \frac{\partial g_1(\boldsymbol{M}_{j'0},\boldsymbol{W},\boldsymbol{b})}{\partial \boldsymbol{W}_l}\right) \tag{3-21}$$
$$-\lambda_m(\boldsymbol{M}_6 - \boldsymbol{M}_0)\frac{\partial(g_1{}'(g_1(\boldsymbol{M}_0,\boldsymbol{W},\boldsymbol{b}))}{\partial \boldsymbol{W}_l} - \lambda_w \cdot \boldsymbol{W}_l^t)$$

$$\boldsymbol{b}_l^{t+1} = \boldsymbol{b}_l^t + lr \cdot (\sigma(x_{ijj'}) \cdot (\boldsymbol{\theta}_i^t)^{\mathrm{T}} \cdot \boldsymbol{W}_{fu}^t$$

$$\cdot \frac{\partial f(\boldsymbol{a}_{i1} \cdot \boldsymbol{M}_3, \boldsymbol{a}_{i2} \cdot \boldsymbol{D}_2, \boldsymbol{a}_{i3} \cdot \boldsymbol{R}_2)}{\partial(\boldsymbol{a}_{i1} \cdot \boldsymbol{M}_3)} \cdot \boldsymbol{a}_{i1}^t$$

$$\cdot \left(\frac{\partial g_1(\boldsymbol{M}_0, \boldsymbol{W}, \boldsymbol{b})}{\partial \boldsymbol{b}_l} - \frac{\partial g_1(\boldsymbol{M}_{j'0}, \boldsymbol{W}, \boldsymbol{b})}{\partial \boldsymbol{b}_l} \right) \tag{3-22}$$

$$- \lambda_m (\boldsymbol{M}_6 - \boldsymbol{M}_0) \frac{\partial(g_1{}'(g_1(\boldsymbol{M}_0, \boldsymbol{W}, \boldsymbol{b})))}{\partial \boldsymbol{b}_l} - \lambda_b \cdot \boldsymbol{b}_l^t$$

算法 1. Deep-MINE 参数学习

输入：S, I, J, M, D, R

输出：$W, b, Q, c, N, t, \beta, u, v, \theta, a, W_{fu}$

初始化参数 $W, b, Q, c, N, t, \beta, u, v, \theta, a, W_{fu}$

WHILE epoch $<=$ training_epoch

　WHILE batch $<=$ total_batch

　　a) 随机从集合 S 中抽取产品对数据 (i, j, j')

　　b) 提取出产品 j 和 j' 对应的图像、文本描述和文本评论内容 $\boldsymbol{M}_0$、$\boldsymbol{D}_0$、$\boldsymbol{R}_0$ 以及 $\boldsymbol{M}_{j'0}$、$\boldsymbol{D}_{j'0}$、$\boldsymbol{R}_{j'0}$

　　c) 前向传播阶段

　　　ⅰ. 将信息输入模型的信息表示模块，并提取对应的视觉和文本特征

　　　　$\boldsymbol{M}_3 = g_1(\boldsymbol{M}_0, \boldsymbol{W}, \boldsymbol{b}), \boldsymbol{D}_2 = g_2(\boldsymbol{D}_0, \boldsymbol{Q}, \boldsymbol{c}), \boldsymbol{R}_2 = g_3(\boldsymbol{R}_0, \boldsymbol{N}, \boldsymbol{t})$

　　　ⅱ. 将上述特征输入用户认知层，获取用户感知到的信息特征 $\boldsymbol{a}_{i1} \cdot \boldsymbol{M}_3, \boldsymbol{a}_{i2} \cdot \boldsymbol{D}_2, \boldsymbol{a}_{i3} \cdot \boldsymbol{R}_2$

　　　ⅲ. 将用户感知特征输入模型的信息整合模块，获取产品的综合特征表示

　　　　$\overrightarrow{\text{item}}_j = c(\boldsymbol{v}_j, \boldsymbol{W}_{fu} \cdot c(\boldsymbol{a}_{i1} \cdot \boldsymbol{M}_3, \boldsymbol{a}_{i2} \cdot \boldsymbol{D}_2, \boldsymbol{a}_{i3} \cdot \boldsymbol{R}_2))$

　　　ⅳ. 对产品 j' 也重复 ⅰ、ⅱ、ⅲ 步骤

　　　ⅴ. 计算用户对产品的偏好分数和推荐概率

　　　　$x_{ij} = \alpha_i + \beta_j + \boldsymbol{u}_i \boldsymbol{v}_j + \boldsymbol{\theta}_i \boldsymbol{f}_j$

　　　　$x_{ij'} = \alpha_i + \beta_{j'} + \boldsymbol{u}_i \boldsymbol{v}_{j'} + \boldsymbol{\theta}_i \boldsymbol{f}_{j'}$

　　　　$P(j >_i j') = \sigma(x_{ij} - x_{ij'})$

　　d) 反向传播阶段

　　　ⅰ. 获取式(3-14)所示的目标函数值 $\mathscr{L}(W, b, Q, c, N, t, \beta, u, v, \theta, a, W_{fu})$

　　　ⅱ. 计算梯度并根据式(3-15)~式(3-22)更新模型参数

　END WHILE

　IF $|\mathscr{L}_{\text{epoch}} - \mathscr{L}_{\text{epoch}-1}| < \delta$, THEN

　　BREAK

　END IF

END WHILE

3.2.4　预测和推荐

完成模型训练后,对于每一产品 j,根据 Deep-MINE 框架,给定其内容信息和用户特征,根据式(3-12)可以计算某一用户对产品的偏好。然后对得到的所有 x_{ij} 进行排序操作,选择得分最高的前 K 个产品构成推荐列表。模型整体的流程框架图如图 3.4 所示,首先对原始的数据进行预处理,包括用户历史购买数据、图像和文本内容的预处理,在线下模块部分进行模型的参数训练和用户认知风格的获取与存储,得到用户偏好和商品内容表示后,即可在线上实时、高效地进行针对用户的个性化产品推荐。

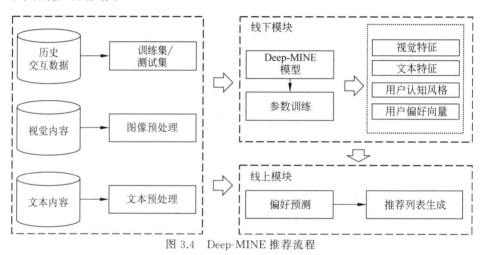

图 3.4　Deep-MINE 推荐流程

3.3　实证研究与结果

3.3.1　数据描述

为了验证所提出模型的有效性,从亚马逊平台获得两类产品的数据集,即女装和童装类产品。选择这两类产品的原因是,女装和童装都是体验型产品,图像和评论被认为是除产品描述之外的对消费者决策非常有用的信息;同时童装与女装又有不同,其体验属性较低一些。对于童装数据集,已知的数据是经过预训练模型处理后的图像特征[54,167]。因此,仅将图像卷积自编码器网络应用于女装数据集。

数据预处理过程如下:由于一种产品通常有 3～4 张图像从不同角度对其进行展示,为了不失一般性,随机选取一张图像作为输入。对于文本内容,采用词袋模型的方法,将频率较高的词汇保存在语料库中。为了控制输入数据的维数和防止由于词汇拼写错误带来的负面影响,删除女装数据集中出现不到 10 次的词语,删除童装数据集中出现不到 100 次的词语(选择不同阈值的原因是童装数据集的语料库远大于女装数据集的语料库),这一操作也与以往文献保持一致[27,45];另外,维护一个停用词表,用来从数据集中删除无实在意义的词汇,如 of、in 等。经过大小写转换、词干提取和停用词删除等步骤后,女装数据集的文本描述和评论分别保留了 1461 和 1894 个单词,童装数据集的文本描述和评论分别保留了 1516 和 1502个单词。需要注意的是,消费者通常不会阅读所有的产品评论,而有用性投票大于0 的评论通常会被平台优先展示,因此只保留有用性投票大于 0 的产品评论进行数据预处理和数据集构建。表 3.2 给出了产品各类内容的一个示例。

表 3.2　产品的多模态内容信息

产品图像	产品描述	产品单条评论
	95%聚酯 5%氨纶 手洗;平铺晾干 模特穿着尺码:IX 身高:5′9″ 腰围:37.5″ 臀围:42″ 超级柔软的面料,凸显身体曲线,而宽松的领口和飘逸的轮廓更是增加了一分柔和	看起来就像 Brigette Bailey 和 Lovestitch 风格,但材料真的很薄,没有褶皱。蓝色很吸引人,价格也很好,但我更喜欢其他两个品牌,并将坚持这个选择

在对两个数据集进行切分时,因为本书提出的模型需要从消费者的购买历史中推断出消费者的偏好,所以需要确保数据集中的每个用户至少有两次反馈,一个用于构建训练集,一个用于构建测试集。产品层面,所有的产品都被保留在数据集中,包括那些购买记录很少或没有任何购买记录(反馈)的产品(例如,新产品上市),也被称为冷启动产品。数据处理前,女装数据集有 256 749 条反馈,童装数据集有 32 419 条反馈。经过数据清洗和预处理,女装数据集最终保留 5981 个用户和 2579 种产品,童装数据集最终保留 8018 个用户和 3625 种产品。

对于每个用户,一个反馈被随机选择并加入测试集,其余的反馈被加入训练集[17,34]。此外,为了展示 Deep-MINE 在冷启动条件下的性能,由处于不同稀疏度级别的产品构成的冷启动测试集从测试集中被单独分离出来进行效果评测,具体内容将在 3.3.3 节进行阐述。

3.3.2　评估指标和基准模型

结合以往文献,我们选择 ROC 曲线下面积(Area Under the ROC Curve,

AUC)[17,28]和命中率（HIT Ratio）[29]作为绩效评价的两个指标。AUC 定义为

$$\text{AUC} = \frac{1}{|I|} \sum_i \frac{1}{|J|} \sum_{(i,j,j') \in S} \delta(x_{ij} > x_{ij'}), \delta(\cdot)$$为示性函数，如果 $x_{ij} > x_{ij'}$，函

数取值为 1，否则取值为 0。AUC 用于测量模型在所有用户中正确预测的产品对
与总产品对的比率，S 的定义在 3.2.1 节已做详细介绍。命中率在推荐系统评价中
也有广泛应用，是在前 K 个产品的推荐列表中至少有一个产品被正确推荐的用户
占总体用户的百分比。命中率越高，表明推荐准确率越高。在接下来的实验中，通
过设定不同的 K 值来验证所提出模型的稳健性。

为了证明 Deep-MINE 模型的优越性能，我们选择以下基准模型进行比较。

（1）基于矩阵分解的贝叶斯个性化排序模型（BPRMF）[28]，是一种仅利用隐式
反馈数据的基于排序的推荐模型。

（2）协同深度学习模型（CDL）[45]，基于概率矩阵分解框架，使用堆栈式去噪
自编码器处理文本描述信息。

（3）基于视觉特征的贝叶斯个性化排序模型（VBPR）[17]，即基于 BPRMF 框
架，利用预先训练好的图像分类模型输出的视觉特征对产品内容进行建模。

（4）协同知识嵌入模型（CKE）[34]，是上述 CDL 模型的扩展，整合了结构化信
息、文本和视觉信息。由于在本章场景中没有可用的结构化信息，因此在具体实现
中主要考虑产品文本和图像信息。

使用验证集寻找 Deep-MINE 模型和上述所有基准模型的最优超参数。表 3.3
列出了 Deep-MINE 模型的超参数设置。在前人研究[34]的基础上，设置图像、文本
描述和评论的潜在因子所在的网络层节点数量相同，并在 3.3.3.5 节展示了不同参
数设置下的实验结果来证明模型的稳健性。

表 3.3　超参数设置

Deep-MINE 模型	超参数设置
图像自编码器	$N_{m_1} = 64, N_{m_2} = 64, N_{m_3} = 100, \lambda_m = \dfrac{1}{\#\text{img\_dim}}$
文本描述自编码器	$N_{d_1} = 400, N_{d_2} = 100, \lambda_d = \dfrac{1}{\#\text{des\_dim}}$
文本评论自编码器	$N_{r_1} = 400, N_{r_2} = 100, \lambda_r = \dfrac{1}{\#\text{rev\_dim}}$
正则化项和方差	$\lambda_\theta = 0.1, \lambda_\beta = 0.001, \lambda_{W_{fu}} = 0.001$ $\lambda_w = \dfrac{1}{\#\text{W\_dim}}, \lambda_q = \dfrac{1}{\#\text{Q\_dim}}, \lambda_n = \dfrac{1}{\#\text{N\_dim}}, \lambda_b = \lambda_t = \lambda_c = 0$

注：N_{m_1}、N_{m_2}、N_{m_3} 分别是图像自编码器中第 1 层、第 2 层、第 3 层的隐含节点数；img_dim、des_dim、
rev_dim 分别表示图像、文本描述和评论输入的维度；#W_dim、#Q_dim、#N_dim 分别表示权值矩阵 **W**、**Q**、
N 的第一个维度，具体数值取决于输入数据。

3.3.3 实验结果

3.3.3.1 Deep-MINE 模型与基准模型的性能比较

本节在不同的实验条件下对 Deep-MINE 模型和基准模型进行效果评估。为了进行公平的比较,所有的模型都使用相同的策略进行训练,对于 Deep-MINE 模型和基准模型,隐式信息和显式信息的向量维度保持相同。AUC 结果如图 3.5(a)、图 3.5(b)所示,对于女装数据集,Deep-MINE 的 AUC 均不低于 0.85,这意味着超过 85% 的产品排序能够被准确预测。随着总因子数从 50 增加到 200,Deep-MINE 模型的表现始终优于基准模型,相比于基准模型 BPRMF、CDL、VBPR、CKE,平均提升百分比达到 5.96%、3.19%、2.50%、0.62%。在基准模型中,BPRMF 表现最差,因为它只使用了隐性反馈数据,而未考虑内容信息。CKE 的性能表现排名第二,可能是因为它相比于 VBPR 和 CDL,使用了更为丰富的信息。VBPR 的性能略优于 CDL,原因可能是对于服装这类产品,图像比产品描述提供的信息更为丰富,也对消费者决策有更大的影响。

为了检验 Deep-MINE 模型的稳健性,我们还在童装数据集上进行了实验(图 3.5(b))。Deep-MINE 模型依然比所有的基准模型表现更好,相比于基准模型 BPRMF、CDL、VBPR、CKE,平均提升百分比达到 8.88%、4.06%、0.05%、5.68%。一个显著的差异是,VBPR 也取得了良好的性能,尽管 AUC 指标略低于 Deep-MINE 模型(0.8025 vs 0.8030)。其中一个重要原因是在该数据集上,受限于数据的可得性,该数据集的视觉特征输入是一个 4096 维的特征向量,而不是原始图像,因此在 Deep-MINE 模型中设计的图像卷积自编码器自行退化,无法使用。即使在这样的条件下,基于多视角信息集成的思路,Deep-MINE 模型依然取得了较好的效果。同时,高维的视觉特征可能相比其他两种类型的特征起到了更为主导的作用,这也解释了 CDL 和 CKE 模型性能相对较差的原因。在所有基准模型中,BPRMF 始终表现最差。因为模型性能对两个数据集上的潜在因子数量都不敏感,所以在接下来的实验中因子数固定在 100。

除了 AUC 之外,命中率是另一个衡量基于排序的推荐准确率的指标。当 K 在 50 与 200 之间变化时,不同算法的命中率表现被绘制在图 3.6(a)、图 3.6(b)中。在女装数据集上,Deep-MINE 模型击败了所有其他基准模型,相比于基准模型 BPRMF、CDL、VBPR,平均提升百分比达到 50.51%、8.08%、18.15%,其中 CKE 模型与 Deep-MINE 模型表现相当。而在童装数据集上,Deep-MINE 模型在所有 K 级别上的表现都显著好于其他模型,相比于基准模型 BPRMF、CDL、VBPR、CKE,平均提升百分比达到 46.45%、14.54%、8.65%、15.32%。

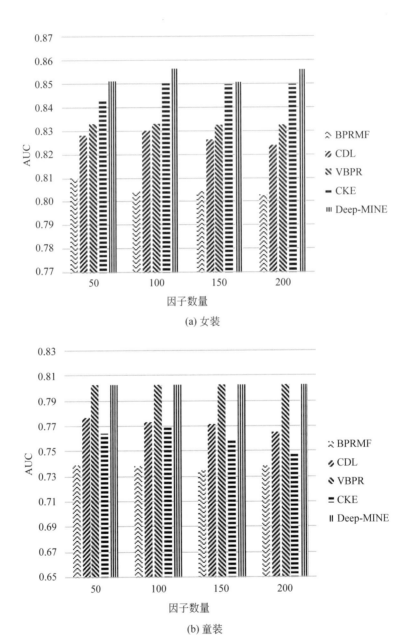

(a) 女装

(b) 童装

图 3.5　Deep-MINE 模型和基准模型的 AUC 比较

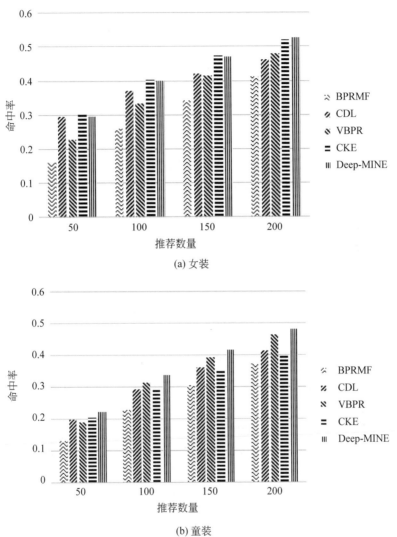

(a) 女装

(b) 童装

图 3.6 Deep-MINE 模型和基准模型的命中率比较

通过以上结果可知, Deep-MINE 模型与其他基于内容的推荐模型相比, 在信息整合的有效性方面表现突出。此外, 与 BPRMF 模型相比, Deep-MINE 模型的命中率有更为显著的提升, 这进一步体现出将产品多模态内容信息纳入推荐模型的较大优势。

3.3.3.2　多模态信息整合的效果

如前所述,Deep-MINE 模型可以通过有机地整合多模态信息来增强推荐。进一步地,为了更加明确地展示多模态信息融合的优势,本节对 Deep-MINE(即整合模型)及其对应的退化形式进行了深度研究和探索。在模型退化形式中只考虑利用单一信息源的子模型,分别命名为 Image-MINE、Description-MINE 和 Review-MINE,并分别计算其 AUC 和命中率指标。从图 3.7 和图 3.8 可以看出,整合模型在 AUC 和命中率上都优于单一子模型。此外,基于评论的单一模型 Review-MINE 比其他单一模型表现得更好,这可能意味着与商家提供的信息(如图像和描述)相比,评论文本中包含了更多有价值的信息。而基于图像的模型 Image-MINE 和基于文本描述的模型 Description-MINE 在两个数据集上的性能略有不同。在女装数据集中,产品图像子模型表现更好;而在童装数据集中,基于文本描述的子模型表现更好,原因可能是童装相比于女装,童装作为体验型商品的属性更弱一些,并且童装的文本描述包含了影响消费者决策的更相关和更具决定性的信息(如产品材质、大小),而女装的关键信息主要体现在图像内容中。从总体上看,本书所提出的 Deep-MINE 模型体现了多模态信息有机集成的优越性,并且所有与 Deep-MINE 相关的模型(整合模型和单一模型)都明显优于 BPRMF 模型。

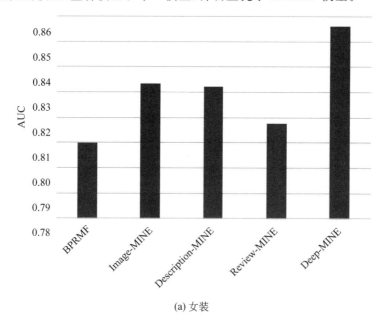

(a) 女装

图 3.7　整合模型与单一模型的 AUC 比较(因子数量=100)

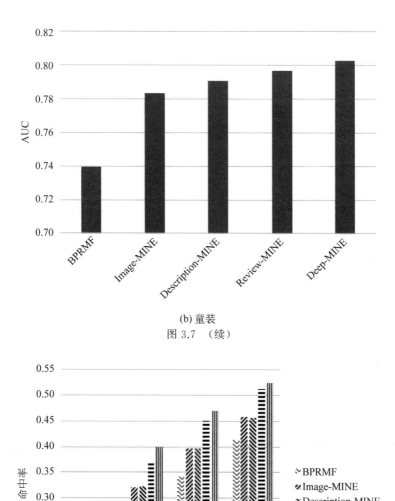

(b) 童装

图 3.7 （续）

(a) 女装

图 3.8 整合模型与单一模型的命中率比较

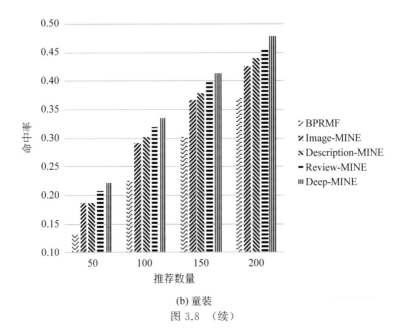

(b) 童装

图 3.8 （续）

3.3.3.3　冷启动数据集的性能表现

　　由于 Deep-MINE 模型基于多种类型的内容信息进行推荐,因此它在产品反馈数量较少的情况下依然能够具有较好的推荐效果。冷启动即没有或很少有购买反馈的产品,一般来说,这类产品很难被推荐算法所推荐。为了验证冷启动条件下算法的性能,我们从完整的测试集中提取出由具有不同稀疏度水平的产品构成的冷启动测试集。"稀疏度水平＝1"组指在训练集中没有历史反馈,而在测试集中只出现一次的冷启动产品所构成的集合。"稀疏度水平＝10"组指由在整体数据集中只有不超过 10 条反馈的产品所构成的集合。对 Deep-MINE 模型和所有基准模型进行了效果测试,结果显示于表 3.4。

表 3.4　Deep-MINE 模型在不同稀疏度测试集上的 AUC 表现

稀疏度水平	1	2	3	4	5	6	7	8	9	10
BPRMF	0.3020	0.3368	0.3672	0.3950	0.4260	0.5732	0.6047	0.6275	0.6454	0.6587
CDL	0.3213	0.3601	0.3870	0.4307	0.4632	0.6245	0.6543	0.6751	0.6924	0.7046
VBPR	0.1441	0.2276	0.3066	0.3650	0.4148	0.6245	0.6520	0.6721	0.6910	0.7032
CKE	0.3843	0.4214	0.4484	0.4709	0.4940	0.6193	0.6484	0.6693	0.6864	0.6966
Deep-MINE	0.5001	0.5014	0.5377	0.5623	0.5799	0.6887	0.7085	0.7252	0.7390	0.7484

　　表格结果进一步表明,通过更好地利用视觉和文本内容,Deep-MINE 模型优于所有基准模型,体现出了较之前评测更为显著的优势。特别是在"稀疏度水平＝1"这一组中,Deep-MINE 模型的 AUC 超过最佳基准模型的幅度达到 30.13％(0.5001 vs 0.3843)。随着产品反馈数量的增加,所有模型的推荐性能都有所提高。CKE 在基准模型中表现最好,因为它也综合考虑了各类信息,只是信息整合方面不如 Deep-MINE 模型有效,也没有考虑消费者认知风格异质性这一因素。与前面结果保持一致,BPRMF 模型表现最差,因为它只利用了隐性反馈数据,而冷启动的一个突出特点是隐性反馈数据匮乏,导致推荐效果显著下降。

3.3.3.4　考虑认知风格的作用

　　为了进一步检验模型引入用户认知风格异质性带来的效果提升,验证 Deep-MINE 模型获得的用户个性化认知风格的有效性,本书提出了一系列认知值设定作为基准,并与 Deep-MINE 模型进行了推荐性能的比较。如果模型具有较高的推荐性能,在一定程度上就意味着相应的认知风格设定更为准确地表征了用户对多模态数据的认知过程。本书提出的基准认知值设定包括如下方面。

　　(1)无认知风格。该设定表示在模型和推荐中没有考用户认知风格这一因素。

　　(2)均一认知风格。该设定假设所有用户对这三类信息(描述、评论和图像)的认知权重都是一样的,即[1/3,1/3,1/3]。该设定假设用户的认知风格是同质的,而且对三种不同信息表征形式的倾向也无差别。

　　(3)有序认知风格。该设定假设所有用户对不同的信息具有相同的优先级顺序,即权重[3/6]为高优先级,[2/6]为中优先级,[1/6]为低优先级,从而生成[高图像、中描述、低评论]、[高描述、中评论、低图像]等 6 种认知风格组合。该设定假设用户的认知风格是同质的,但对三种不同信息表征形式的倾向存在差别。

　　(4)随机认知风格。该设定确保每个用户都有一个随机生成的差异化的认知向量,这是代表用户认知风格异质性的一般性处理,没有体现和利用历史数据集包含的信息。

　　(5)平均认知风格。在该设定中,在本书提出的模型学习到每个用户的认知风格后,基于此计算所有用户的平均认知风格值,并将其作为每个用户的认知风格向量。

　　命中率和 AUC 两项指标的对比结果如图 3.9(a)和图 3.9(b)所示,Deep-MINE 模型展示出最好的表现。我们还可以得出更深入的结论。首先,所有考虑认知风格的模型都明显优于不考虑认知风格的模型,进一步强调了将认知风格融入个性化推荐的优势。其次,不同的认知风格设定带来显著不同的推荐表现,这说明了精准发掘用户认知风格的重要性。最后,Deep-MINE 模型(对消费者的认知风格进行个性化处理)优于其他假设所有消费者具有相同认知风格或者随机设定认知风格的模型,显示出认知风格个性化学习的优势。值得注意的是,虽然平均认知风格设定在很大程度上融入了学习到的所有用户的认知风格,但平均化的处理使得其相比 Deep-MINE 模型,最终的表现有所变差。

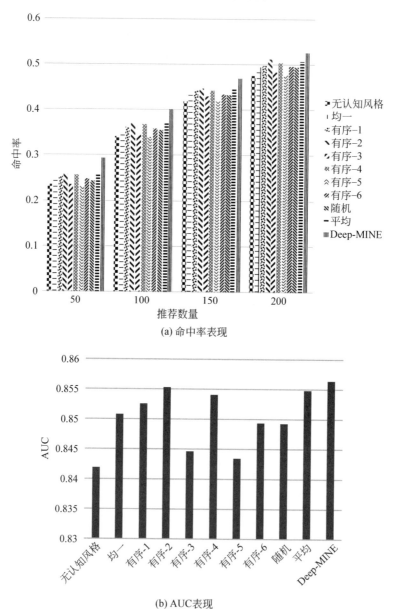

(a) 命中率表现

(b) AUC表现

图 3.9　整合认知风格的效果

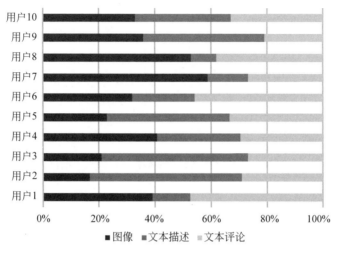

(c) 10个随机用户的认知风格分布

图 3.9　（续）

为了将认知风格得到的取值可视化，从女装数据集中随机提取出 10 个用户，并绘制其认知值分布，如图 3.9(c)所示。从图中可以观察到 1 号和 8 号用户更关注图像和评论，而不是文本描述；而 2、3、5 号和 9 号用户更倾向于关注文本描述；6 号用户更看重评论；7 号用户更看重图像信息；4 号和 10 号用户对这三种信息类型的关注程度大致相同。这些观察结果进一步证实了认知风格异质性的普遍存在，并强调了在推荐中对不同类型的用户区别展示不同信息视角的重要性。例如，从电商平台的角度来看，平台管理者可以考虑符合消费者个性化认知风格的个性化网页布局设计，提供更好的购物体验。Engin 和 Vetschera 的研究[168]也支持了该发现。

3.3.3.5　敏感性分析

如 3.3.2 节所述，三个自编码器的中间层的节点数都被设置为 100。为了进一步证明算法的稳健性，在此改变图像自编码器的潜在节点数量并进行实验评测（表 3.5）。根据实验结果，在节点数量不同的情况下，模型性能保持稳定，但更多的节点并不一定能够带来更好的性能，原因可能是模型对于部分超参数敏感性较低。在反向传播的学习过程中通过不断优化目标函数，可以确保在不同的初始设定下都能够得到有效的、对所有信息的表征和集成。

表 3.5　图像自编码器不同节点数的模型性能

图像自编码器节点数	AUC	HIT@50	HIT@100	HIT@150	HIT@200
50	0.8564	0.2816	0.3986	0.4742	0.5345
100	0.8564	0.2936	0.4009	0.4695	0.5250
200	0.8554	0.2826	0.3901	0.4631	0.5198
300	0.8526	0.2821	0.3941	0.4685	0.5227

表 3.6　不同层数图像自编码器下的损失函数值

图像自编码器结构	4 层	6 层	8 层
损失函数值	0.0247	0.0137	0.0567

与以往文献[34]保持一致,本书在模型开始阶段设计了一个 6 层栈式卷积自编码器,用于表征产品图像的信息。接下来进行了系列探索试验,研究不同网络层数带来的影响。从训练集中选择一个由产品图像构成的子集,分别训练不同层数的网络以使其达到局部最优。为了比较它们的相对性能表现,测量了它们的损失函数值(损失函数为 3.2.2.1 节定义的 L_1,该损失函数主要由自编码器重构误差项和权值矩阵正则化项组成)。由表 3.6 可以明显看出,6 层结构的网络表现优于 4 层和 8 层的网络结构,进一步证实了模型设定的科学合理性。

3.3.3.6　推荐结果可视化

为了对推荐模型的效果进行可视化的展示,在女装数据集中随机选取 4 个用户,分别使用 Deep-MINE、BPRMF、CDL、VBPR 和 CKE 模型生成前 5 个推荐产品并展示出对应的产品图像(见图 3.10)。第一行是用户之前购买的产品,反映了用户的历史偏好。其余五行分别是根据 Deep-MINE、BPRMF、CDL、VBPR、CKE 算法推荐的前五款裙装,可以观察到,与基准模型相比,Deep-MINE 模型的推荐种类更为多样,并与用户的历史偏好保持一致。对比而言,BPRMF 和 VBPR 倾向于向不同的用户推荐最受欢迎的产品,而个性化程度明显不够。例如,观察对四位用户的推荐结果,可以发现有 3～4 件流行的服装重复出现在不同用户的推荐列表中。虽然 CKE 和 CDL 算法的推荐结果也表现出了一定的多样性,但与用户之前的购买品味不是非常一致,例如,为偏好深色系的用户推荐浅色系裙装。综合来看,Deep-MINE 模型能够根据消费者历史购买中反映的品味和偏好,如颜色(深色、浅色或彩色)、尺寸(如长款或短款)和样式(如休闲或正式),推荐更为相关的产品。

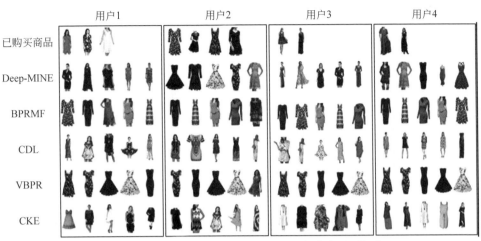

图 3.10　Deep-MINE 模型和基准模型的推荐产品可视化

3.4　本章小结

在线购物场景下的消费者面临严重的信息过载问题。推荐系统作为一种重要的决策支持工具,在海量产品中根据用户的个性化偏好有针对性地提供购买建议。然而,产品信息存在多种模态和多个来源,例如,图像和文本,商家内容和用户生成内容;不同消费者对于多模态信息也有不同的偏好和认知模式。推荐系统如果能够对上述信息进行综合考虑,就能够对产品进行全方位多角度的建模,并对消费者的个性化认知决策过程进行刻画,从而提供让用户更加满意的个性化推荐服务。

基于以上考量,本章提出了一种基于多模态数据融合的个性化推荐模型,即Deep-MINE。该模型综合挖掘来自多个渠道、多种形式的产品内容信息(产品描述、产品图像、评论内容),同时考虑用户在文本-图像维度的认知风格的异质性。本章设计了由多视角信息表示、认知处理和信息整合三个模块组成的统一的深度神经网络模型,其中图像信息由卷积栈式自编码器进行表示学习,描述和评论文本内容信息由文本栈式自编码器进行表示学习。在三种不同的信息表示基础上,引入用户的认知风格因子并对上述信息进行了不同的权重调整。最后,引入信息整合模块以研究不同类型信息之间存在的交互关系。本章基于女装和童装两个数据集(体验性稍有不同而产品图像都发挥重要作用),展开了全方位、多角度的数据实验。实验结果表明,与基准模型相比,Deep-MINE 模型展现出了优越的推荐效果。进一步对比实验表明,模型在整合了多个信息源之后的表现要远远好于基于单一信息源的子模型。在冷启动条件下（产品的反馈数量较少），Deep-MINE 模型因为对于内容信息的综合考虑，体现出了更为明显的优势。本项研究还创新性地整合了用户的个性化认知风格，通过与其他认知风格设定的情况进行对比，进一步揭示了以数据驱动的方式挖掘用户认知风格的可行性。

　　本章具有以下创新点和管理意义。首先，基于用户网络购物过程中面临的多模态数据环境，本章提出了一个综合产品图像、描述和评论信息的深度神经网络推荐模型，该模型既能够对产品的内容进行全方位的表示学习，又通过引入嵌入层自动学习不同信息之间的交互关系。其次，本章考虑了用户在多模态产品环境下的异质性认知风格。借鉴心理学领域用户对于图像文本的认知维度的文献，本章引入了用户个性化认知因子对用户的多模态信息处理过程进行建模，为今后的多模态推荐相关研究工作提供了新的思路。最后，本章提出的推荐算法可以广泛运用于各类电子商务平台。通过缓解海量产品环境下用户面临的信息过载问题，一方面可以提升用户对平台的满意度和留存率，另一方面可以加强平台在大数据背景下的服务管理水平。

第4章 基于结构化属性和问答文本的双边推荐算法

前面的研究工作介绍了电商平台的多模态数据如何辅助用户进行购买决策。在线上交友场景中,推荐系统作为一种决策支持工具,也发挥了重要作用。双边的用户通过推荐算法有更大的概率找到符合自己偏好的交友对象,而平台借助推荐算法可以提升用户的匹配概率,进而增加用户留存率并提升用户满意度水平。除了用户的显性结构化信息之外,本章旨在通过用户的问答文本发掘用户自我呈现风格这一隐性特质,并将其引入两阶段的匹配建模过程。

4.1 背景介绍

在当今这个万物互联的时代,电子平台成了工作和生活的重要场所,其中以社交领域表现最为突出,越来越多的年轻人开始转向在线交友平台开展社交活动。2019 年《美国国家科学院院刊》(PNAS)发表的一项研究表明,目前美国 40% 的用户使用线上社交来认识异性,表明线上交友平台已成为用户认识异性最重要的渠道[169]。在中国,超过 2 亿的单身群体也催生了国内众多在线交友平台,统计数据表明,2019 年中国网络婚恋交友市场规模达到 57 亿元,网络婚恋渗透率达到 54%[170],2020 年各大平台月度活跃用户数高达 1500 万人,人均单日使用时长接近 80 分钟[171]。无论是市场规模、用户数量还是使用时长,都呈现逐年增长的上升态势,这也为各大平台的管理服务带来了诸多机遇和挑战。

对于在线交友平台,实现精准匹配,提高匹配效率是重要的管理问题,但是现实情境中平台整体匹配率往往很低[172]。随着用户基数的不断增长,用户在面对海量潜在交友对象时,搜索成本高,且难以根据已知的信息建立准确的印象,交友不确定性程度高。为了实现有效的匹配,连接交友双方,许多在线交友平台引入推荐系统为用户推荐可能感兴趣的用户,在减少用户搜索成本的基础上实现精准匹配。不同于一般的产品推荐或者图书推荐,本场景中的交友推荐涉及双边的偏好,只有同时满足"被推荐方对推荐对象感兴趣"且"推荐对象对被推荐方感兴趣"两个条件,才能实现成功匹配,即,在为用户推荐交友对象时需要综合考虑双边用户的偏好,本章称之为双边推荐①[173]。总结理论文献和管理实践发现,以往的双边推荐算法普遍考虑结构化属性[39],例如年龄、教育背景、收入、种族等,而忽略了无法直接体现的特征,如用户的个人特质或风格。

对于线上交友平台的用户来说,展现良好的个人形象对于提高匹配成功率至关重要。自我呈现(self-presentation),也称为印象管理,由心理学家欧文·戈夫曼提出,指的是人们试图管理和控制他人对自己形成的印象的过程[174]。除了结构化属性之外,用户发布的文字具有极高的发挥自由度,是表达自己的重要媒介,并可以体现用户自我呈现的风格。人们在线上平台不仅会形成个人的自我呈现风格,也对对方的自我呈现有特定的偏好。因此,在双边推荐中引入文本内容,关注双边用户的自我呈现风格及匹配度,能够为用户匹配到外在和内在方面都更适合自己的潜在交友对象。

随着自然语言处理技术的不断发展,词向量嵌入(word embedding)[91]、长短时记忆网络(LSTM)[95]、图神经网络[36]、注意力机制[96]等模型的出现大幅降低了从复杂文本中挖掘语义信息的难度。已有研究工作包括从社交媒体文本中挖掘用户性格[175],从企业营销文本中挖掘关键要素如产品信息、语言幽默感[176],以及从工作职位描述中计算工作岗位的相似度[177]等。在神经网络的最新研究中,注意机制在处理文本数据方面体现出较大优势[96]。它可以模拟人类的视觉和大脑活动,在这种情况下,物体的某些关键部分被选择性地关注,而其他方面则被忽略。因此,基于注意力机制的深度学习模型具有较高的可解释性。由于通过观察获得高注意力值的词语可以了解模型学习到的重要方面,加之注意力机制高度并行化的计算及优异的算法表现,这类模型成为许多自然语言处理任务的最新模型(state-of-the-art)。

本书的研究背景是一个基于问答机制进行匹配的交友平台,采用的是一方用户出题,另一方用户答题,如答题通过则成为好友的模式。在双边推荐的基础上,本章设计了一个基于两阶段匹配过程的推荐模型,该模型不仅对匹配双方的偏好进行建模,而且细致刻画了用户之间两阶段匹配的过程,包括请求方发送请求以及接收方接受请求两个阶段。在上述两个阶段中,用户随着角色的不同可

---

① 以往文献存在两种说法,双边推荐或者互惠推荐。本书为了便于理解,统一称为双边推荐。

能会关注不同的因素,例如,在第一阶段,答题方可能更关注出题方的结构化属性信息;而在第二阶段,出题方可能更关注对方提交的答案是否与自己期待相一致。不同于以往文献假设双方偏好完全对称,并使用融合函数来组合双方偏好的做法[173],本章在数据驱动的视角下考虑了来自请求发送方和接收方的不同偏好影响因素。

为了从问答文本中有效提取用户的自我呈现特征,本章基于自然语言处理领域的自注意力机制提出了一种端到端(end-to-end)的神经网络框架(TAPM)。针对问题文本和回答文本的不同特征,首先用多头自注意力和卷积神经网络对问题文本进行建模,然后基于问题和回答文本之间的共同语境,提出了一个互注意力模块,来提取回答文本中体现的回答者自我呈现风格。卷积神经网络用于从注意力模块的加权输出中进一步汇总文本特征,为了考虑两阶段用户的不同偏好,在第二阶段引入了风格匹配度来反映请求接收方(即出题用户)的决策过程,由聚合层结合隐性特征和结构化属性特征进行每一阶段成功概率的预测。最后,模型通过有机整合第一阶段偏好(发送匹配请求的概率)和第二阶段偏好(接受匹配请求的概率),得到双边偏好打分并生成推荐结果。

通过细粒度的用户点击流数据分析,可以分别观察两个阶段的用户行为,例如,用户点击其他用户信息详情行为、提交答卷行为以及通过答卷行为等。以上数据为两阶段过程建模提供了验证基础,大量对比实验证明了算法相比于基准模型,在推荐准确性、计算成本等方面有更好的表现。

本章丰富了双边推荐和文本语义理解领域的已有研究成果。首先,本章在双边推荐算法中创新性地对双方偏好的不同影响因素进行过程建模,不仅对两阶段的匹配过程进行了细粒度的建模,而且考虑了请求者和接收者所面临的不同影响因素。当且仅当请求者以较高概率提交请求且接收方以较高的概率同意请求时,算法才会生成推荐。其次,本章利用注意力机制从复杂文本中提取用户自我呈现特征,提出了多头互注意力结构,用以刻画问题和答案之间的依赖关系和共享语境,并将提取出的用户自我呈现风格及风格匹配度考虑在推荐算法中。

当前,匹配推荐已逐步成为在线交友平台的核心信息服务之一。如果能够将用户的个人特质及匹配度等因素以数据驱动的视角包含在算法中,就不仅能够提升推荐结果的质量,还能够增加算法可理解性,提升平台的服务水平和管理绩效。对用户的精准画像及推荐服务也有助于平台提升用户留存度及满意度,并开发与交友推荐相关的其他个性化产品与服务,以满足不同类型用户的多样化需求。

4.2　场景和匹配过程

我们与国内某大型异性交友平台达成合作协议,该平台截至 2020 年,累计活跃用户超过 295 万人,主要定位于校园大学生群体的交友活动。该平台提出了创新性的交友模式——答题交友,即一方用户出题,其他用户回答的匹配形式。如果答卷获得通过,双方就建立好友关系。

匹配过程如图 4.1 所示。在阶段一中,用户 j 将点击一些用户,浏览他们的个人信息,包括他们的结构化属性信息(年龄、生日、家乡、教育背景、专业等),还有提出的问题。如果用户 j 对用户 i 感兴趣,就将向用户 i 的问卷提交答案,阶段一至此结束。在第二阶段,用户 i 接收到用户 j 的答案,将浏览答案内容并评价用户 j 与自己的适合度,教育背景等人口统计信息在这里也会被纳入考虑。经过评估,用户 i 决定是否接受用户 j 的请求。如果接受,就实现了一次成功的匹配,阶段二完成。与以往文献不同的是,请求者(用户 j)和接收者(用户 i)对于不同类型信息在个人决策中的重要性可能会有不同的考虑,这一点被以往的研究所忽略。具体来说,请求者作为请求发起的主动方,可能会更在意对方的显性结构化信息(如教育背景、年龄等)是否匹配,而请求接收者作为请求的接收方,更有可能在此基础上,通过评估请求发起方提交的答案文本,判断对方文字表达中的自我呈现风格及二者的匹配度。本章将介绍以上两个阶段的建模过程,讨论如何根据用户历史交互文本挖掘用户的自我呈现特征,进而开展实时化双边推荐,并对整体推荐效果进行充分评估讨论。

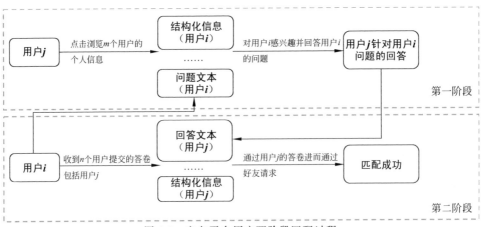

图 4.1　交友平台用户两阶段匹配过程

4.3　研究模型

4.3.1　预备知识

多头自注意力机制网络结构来源于 Transformer 模型[96]，该模型由谷歌团队于 2017 年提出，在 WMT 2014 英语-德语数据集机器翻译评测任务中表现较为出色，BLEU(bilingual evaluation understudy)达到 28.4，超过当时最好的模型 2 个 BLEU 单位①。该模型将传统的卷积神经网络(CNN)和循环神经网络(RNN)全部由注意力机制替代，网络主体由 6 层编码器和 6 层解码器构成(图 4.2)，每一层由

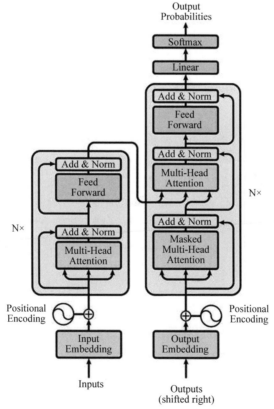

图 4.2　Transformer 模型[96]

---

①　BLEU：双语替换评测，为机器翻译中的常见评估指标。

自注意力机制和前向传播网络构成。以机器翻译的任务为例,编码器的作用是对输入的语言进行编码,解码器则将编码器的输出作为输入,并输出目标翻译语言。这里以编码器为例介绍其具体结构。

介绍自注意力机制之前,需要理解查询(Query)、键值(Key)、内容值(Value)三个概念。它们来自信息检索系统:人们在搜索信息时输入的内容叫作查询(Query),系统根据查询会自动匹配相应的键值(Key),然后根据查询与键值之间的相似度得到匹配的内容(Value)。在自注意力机制中,以上三个概念具有类似的含义。首先将输入的文本转化为词嵌入向量,然后分别对嵌入向量做线性变换,得到查询 q、键值 k、内容值 v 三个一维向量。对于一个给定的查询,为每个词嵌入向量计算一个得分值,$score = q \cdot k$;并对所有的得分值按向量维度 d_k 进行比例缩减以保持梯度稳定,然后通过 Softmax 函数进行归一化,用每个词嵌入向量的得分值点乘对应的内容值向量,得到加权后的内容值;最后把所有加权后的内容值相加,得到最终的变换后的内容值向量。将以上过程用二维矩阵表示,即式(4-1):

$$\text{Attention}(\boldsymbol{Q}', \boldsymbol{K}', \boldsymbol{V}') = \text{Softmax}\left(\frac{\boldsymbol{Q}' \boldsymbol{K}'^{\text{T}}}{\sqrt{d_k}}\right) \boldsymbol{V} \tag{4-1}$$

多头自注意力机制由多个上述模块得到的矩阵进行拼接,拼接后的矩阵再加入一个全连接层而得到。自注意力模块之后的前向神经网络为神经网络中的全连接层,相应的表达为 $\text{FFN} = \max(0, z\boldsymbol{W}_1 + \boldsymbol{b}_1)\boldsymbol{W}_2 + \boldsymbol{b}_2$,其中 z 为自注意力结构的输出,$\boldsymbol{W}_1$、$\boldsymbol{W}_2$、$\boldsymbol{b}_1$、$\boldsymbol{b}_2$ 分别为前向神经网络的权重矩阵和偏移矩阵。值得注意的是,为了保证模型的学习效果,Transformer 模型还加入了残差连接的结构[10],即从输入端到输出端增加一个直接连接,让神经网络只学习输出端相比于输入端变化的部分,从而降低其学习成本。基于该结构在自然语言处理任务上的优异表现,本章在多头自注意力结构的基础上提出两阶段双边推荐框架。

4.3.2　模型概览

本章提出的基于注意力机制和自我呈现特征挖掘的两阶段双边推荐模型(Two-Stage Attention based Self-Presentation Mining Reciprocal Recommender,TAPM)如图 4.3 所示。整个框架由如前所述的两阶段偏好学习过程组成,主要建模对象是在线交友平台用户发布的自定义问卷和回答文本数据,因为如 2.3.3 节所述,两者都有效地反映了给定语境下用户的自我呈现风格。在第一阶段,我们利用多头自注意力结构从问题文本中提取特征;在第二阶段,根据问答内容的特点,我们设计了互注意力模块,从答案内容中提取用户特征。同时,结构化属性信息作为影响匹配结果的属性也被纳入模型。整体建模思路如下:第一阶段,用户 j 考虑结构化属性信息和问题内容,以决定是否回答用户 i 的问题,并将好友请求发送给用户 i;第二阶段,用户 i 评估结构化属性信息和答案内容,决定是否接受用户 j 的请求。同时,用户 i 由于比用户 j 拥有更多的信息,会考虑自己和请求者在文本内容所呈现出来的个人风格上的匹配度。给定从双方的问题和答案中提取的隐性特征和结构化属性信息,模型可以得到一个双边推荐分数,用于后续生成推荐列表。本章模型主要使用的符号、对应维度及其含义见表 4.1。

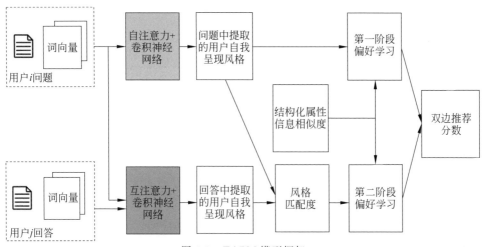

图 4.3　TAPM 模型框架

表 4.1　本章模型主要使用的符号、对应维度及其含义

符　号	维　度	描　述
$\boldsymbol{X}_q,\boldsymbol{X}_a$	[50,100]	问题和回答文本的输入矩阵
$\boldsymbol{W}_Q,\boldsymbol{W}_K,\boldsymbol{W}_V$	[100,100]	线性变换的对应权重矩阵
$\boldsymbol{Q}',\boldsymbol{K}',\boldsymbol{V}'$	[50,100]	线性变换后的问题文本查询、键值、内容值矩阵
$\boldsymbol{Q}'',\boldsymbol{K}'',\boldsymbol{V}''$	[50,100]	线性变换后的回答文本查询、键值、内容值矩阵
d_k	[1]	比例缩放因子
$\boldsymbol{W}_o$	[200,100]	多头注意力整合矩阵
s_q	[50,100]	多头注意力输出矩阵
$\boldsymbol{W}_{c1}$	[1,100,100,256]	第一层卷积核
$\boldsymbol{W}_{c2}$	[1,100,256,100]	第二层卷积核
z_q	[50,100]	卷积神经网络输出矩阵

续表

符 号	维 度	描 述
W_f	$[5000,30]$	全连接层权重矩阵
b_f	$[30]$	全连接层偏置项
f_{iq},f_{ja}	$[30]$	问题/回答文本中的自我呈现风格
f_e	$[8]$	结构化属性信息相似度
f_i	$[38]$	第一阶段的整合信息
W_{fit}	$[60,1]$	第二阶段自我呈现风格匹配度对应偏好矩阵
f_{fit}	$[1]$	第二阶段出题者和回答者的自我呈现风格匹配度
W_{p1}	$[38,1]$	第一阶段偏好矩阵
W_{p2}	$[9,1]$	第二阶段偏好矩阵
b_{p1},b_{p2}	$[1]$	第一阶段和第二阶段偏好偏置项
p_1,p_2	$[1]$	第一阶段(回答问题)和第二阶段(通过答卷)的偏好值

4.3.3　结构化属性与文本信息

在介绍模型框架的细节之前,首先简要描述模型的输入信息。将数据集问答文本中出现的所有词语构成一个词汇库,根据已有算法训练一个词向量模型(Word2vec)[91],得到每个单词的嵌入向量表示。单词之间的距离可以衡量它们的语义相似性,语义相近的单词之间距离也较近。给定具有特定问答内容的一对用户,所有问题被整合到一个文档中,所有答案被整合到另一个文档中。因此,在每一对用户的交互中,问题和回答文本分别构成两个文档,每个文档用一个嵌入矩阵来表示。

除了文本内容,用户结构化属性信息被证实对匹配结果同样重要[104],是用户交友决策的重要驱动因素。以往文献证明,根据同型匹配原则(assortative mating),人们普遍倾向于与自己属性相似的用户[104]。因此,对于每对用户,可以计算用户在每个属性上的距离,作为结构化属性相似度的衡量,并将它们整合到模型中,通过模型训练过程来学习用户偏好相关参数。具体细节将在后续章节讨论。

4.3.4　第一阶段：请求者的偏好学习

本节将介绍第一阶段的建模,即请求者 j 决定是否向接收方 i 发送请求。请

求者 j 的重要参考信息即接收方的问题文本,自注意力结构适合本章的情境,原因如下:在问题文本中,并不是所有的词都能同样反映用户的自我呈现或表达特征;注意力模块可以选择性地给予有区分度的、能体现个人特质的词以较高的权重,而忽略对匹配结果影响较小的词语。

下面详细介绍在本章场景下结合自注意力模块的偏好学习过程。如 4.3.1 节所述,自注意力机制利用输入词语序列内部的构成关系,根据不同位置的词之间的相似度分配权重,即查询、键和值矩阵来自同一个输入信息源。首先对由问题文本构成的输入矩阵进行线性变换,将输入矩阵 $\boldsymbol{X}_q$ 变换为相应的查询矩阵 $\boldsymbol{Q}'$、键矩阵 $\boldsymbol{K}'$ 和值矩阵 $\boldsymbol{V}'$,如式(4-2)和式(4-3)所示。

$$\boldsymbol{Q}_1 = \boldsymbol{K}_1 = \boldsymbol{V}_1 = \boldsymbol{X}_q \tag{4-2}$$

$$(\boldsymbol{Q}', \boldsymbol{K}', \boldsymbol{V}') = (\boldsymbol{Q}_1 \boldsymbol{W}_Q, \boldsymbol{K}_1 \boldsymbol{W}_K, \boldsymbol{V}_1 \boldsymbol{W}_V) \tag{4-3}$$

根据自注意力机制的输入和相关公式,可以推导出输出值,如式(4-4)。在这种情况下,输出是一个矩阵,因为 $\boldsymbol{Q}'$ 由多个查询组成,每个查询产生一个不同的加权后向量,各个向量拼接在一起构成一个输出矩阵。d_k 为比例缩放因子,即 $\boldsymbol{Q}'$ 的维度,用于控制输出值的整体规模。

$$\text{Attention}(\boldsymbol{Q}', \boldsymbol{K}', \boldsymbol{V}') = \text{Softmax}\left(\frac{\boldsymbol{Q}'\boldsymbol{K}'^{\mathrm{T}}}{\sqrt{d_k}}\right)\boldsymbol{V}' \tag{4-4}$$

多头注意力即将几个自注意力模块连接在一起,每个模块都是一个分支(head),该结构已经被以往文献证明比简单自注意力机制更为有效[96]。

$$\text{head}_i = \text{Attention}(\boldsymbol{Q}_1 \boldsymbol{W}_{Qi}, \boldsymbol{K}_1 \boldsymbol{W}_{Ki}, \boldsymbol{V}_1 \boldsymbol{W}_{Vi}) \tag{4-5}$$

$$s_q = \text{MultiHead}(\boldsymbol{Q}_1, \boldsymbol{K}_1, \boldsymbol{V}_1) = \text{Concat}(\text{head}_1, \text{head}_2, \cdots, \text{head}_h)\boldsymbol{W}_o \tag{4-6}$$

式中,h 表示分支个数。为了保证输出与输入具有相同的形状,采用 $\boldsymbol{W}_o$ 矩阵对拼接后矩阵进行线性变换。然后,对模型通过残差连接和归一化,确保输出数据规模在合理的范围内。

经过以上步骤,输入文本矩阵已经被处理为加权后的信息 s_q。接下来,我们的目标是从上述步骤得到的文本信息中提取特征。卷积神经网络因为在潜在的高层特征表示中保留了输入的邻域关系和空间局域性,被证实对于图像文本类数据的建模具有良好的表现[60]。基于以上,我们设计了两个连续的卷积层,包括一个内层和一个外层。卷积层旨在从加权文本中提取不同的个性特征,每一个卷积核可以提取一种特定的语言风格。一维卷积是应用于文本数据的典型方法,我们将卷积核的窗口控制得相对较小,以较好地学习局部特征。外层卷积核的数量与输入矩阵大小维度相同,以保证输出与输入形状相同,使残差连接结构能够适用。在式(4-7)中,∗ 表示卷积运算。

$$z_q = W_{c2} * (W_{c1} * s_q + b_{c1}) + b_{c2} \qquad (4\text{-}7)$$

由于得到的 z_q 是高维特征,卷积层后面加一个全连接层,将特征向量压缩成维度更低的向量 f_{iq}(式(4-8)),可以代表用户所提出问题中体现的用户自我呈现风格。第一阶段对文本的建模过程如图 4.4 所示。用户在第一阶段形成偏好时,也会综合考虑对方的结构化属性信息,f_e 表示两个用户之间的结构化属性信息相似度。从问题文本中学习到用户自我呈现特征后,继续补充结构化属性信息匹配向量 f_e,构成请求者 j 所面对的信息集 f_i(式(4-9))。

$$f_{iq} = z_q \cdot W_f + b_f \qquad (4\text{-}8)$$

$$f_i = \text{Concat}(f_{iq}, f_e) \qquad (4\text{-}9)$$

得到信息集 f_i 后,请求方的偏好分数 p_1 可以通过一个全连接层进行表示建模,如式(4-10)所示。

$$p_1 = W_{p1} \cdot f_i + b_{p1} \qquad (4\text{-}10)$$

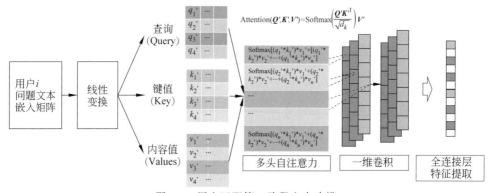

图 4.4　用户匹配第一阶段文本建模

4.3.5　第二阶段:接收者的偏好学习

下面引入互注意力模块对答案文本进行建模。答案与问题文本的一个关键区别是,答案是根据问题生成的,二者之间存在紧密的语义联系和共同的语境。在机器翻译中的编码器-解码器模型[96]中,在编码器和解码器的连接层处,解码器的上一位置输出作为查询 Query,而编码器的输出作为键值 Key 和内容值 Value,用于产生下一阶段输出。由于前面提到的自注意力模块中没有考虑问题和答案之间的依赖关系,因而借鉴上述机器翻译的思路,我们提出一种互注意力机制,用于对答案文本进行建模。在这里,注意力权重是由问题和答案共同决定的。具体来说,查询矩阵 Q_2 来自问题输入文本 X_q 的线性变换,关键字 K_2 和值矩阵 V_2 来自答案文

本 $\boldsymbol{X}_a$ 的线性变换,如式(4-11),然后根据式(4-12)、式(4-13)进行权重值计算。

$$Q_2 = X_q, K_2 = V_2 = X_a \tag{4-11}$$

$$(\boldsymbol{Q}'', \boldsymbol{K}'', \boldsymbol{V}'') = (\boldsymbol{Q}_2 \boldsymbol{W}_Q, \boldsymbol{K}_2 \boldsymbol{W}_K, \boldsymbol{V}_2 \boldsymbol{W}_V) \tag{4-12}$$

$$\text{Attention}(\boldsymbol{Q}'', \boldsymbol{K}'', \boldsymbol{V}'') = \text{Softmax}\left(\frac{\boldsymbol{Q}''\boldsymbol{K}''^{\mathrm{T}}}{\sqrt{d_k}}\right)\boldsymbol{V}'' \tag{4-13}$$

通过上述调整,后续步骤与之前相同,包括多头注意力的连接、两个连续卷积层和一个完全连接层。最后,得到一个从答案文本中提取的表征用户 j 自我呈现风格的向量,记为 $\boldsymbol{f}_{ja}$,对于第二阶段的文本建模过程如图 4.5 所示。

下面引入自我呈现匹配度(self-presentation fit),对第二阶段偏好进行建模。从问答文本中得到了表征两个用户自我呈现风格的特征向量 $\boldsymbol{f}_{iq}$ 与 $\boldsymbol{f}_{ja}$ 后,在第二阶段,请求的接收者有更为充分的信息来判断其和请求者之间的潜在适合度或匹配度。接收者个人的自我呈现风格通过问题文本特征来体现,请求发送者的自我呈现风格则通过回答文本特征来体现,二者的个人风格是否匹配,可能会影响接收者接受请求的决定。因此,首先将上述提取的两个特征向量 $\boldsymbol{f}_{iq}$ 和 $\boldsymbol{f}_{ja}$ 连接起来,然后在此基础之上构造一个线性函数,从而计算得到匹配度分数 f_{fit},如式(4-14)所示。

$$f_{fit} = \text{Concat}(\boldsymbol{f}_{iq}, \boldsymbol{f}_{ja}) \cdot \boldsymbol{W}_{fit} + b_f \tag{4-14}$$

结合上述步骤得到的自我呈现匹配度和结构化属性特征,为了进一步理解这些特征如何相互作用和影响接收者的决策,类似于第一阶段,添加一个全连接层,将上述步骤计算出的隐式特征和显式特征连接起来,生成第二阶段(用户 j 接受用户 i 好友请求)的偏好值 p_2,如式(4-15)所示。

$$p_2 = \text{Concat}(f_{fit}, \boldsymbol{f}_e) \cdot \boldsymbol{W}_{p2} + \boldsymbol{b}_{p2} \tag{4-15}$$

前面的小节已经对两阶段的偏好进行充分建模。为了成功匹配,需要两阶段的偏好得分都较高[173],也就是说,请求者和接收者彼此对对方都感兴趣。为了结合这两个阶段的偏好,p_1 和 p_2 的加权平均值被作为最后的偏好得分。以往的研究已经充分讨论了最优权重的选择[83],本章后续的实验中也会对不同权重的影响做进一步讨论。

4.3.6 目标函数

为了学习模型的参数,我们定义了目标函数,它包括匹配概率最大化和参数正则化两部分,并针对上述两个阶段提出两个待优化的目标函数。在第一阶段,需要预测用户 j 是否会向用户 i 提交答案,或者预测发起者的兴趣。根据数据中观察到的用户点击记录和问题回答行为,首先,为了使上述建模过程得到的偏好预测能

够尽可能拟合观察到的结果,我们使用交叉熵损失来衡量二者的差距。其次,线性
变换、卷积层、全连接层的权重矩阵都需要控制在合理范围内,以防止过拟合现象,
因此需要对它们进行正则化约束。因此,针对第一阶段的目标函数如式(4-16)
所示。

$$\min L_1 = \text{crossEntropy}(p_1, y_1) + \text{regularize}\left(\sum \boldsymbol{W}_i + \sum \boldsymbol{b}_i\right) \quad (4\text{-}16)$$

同样地,在第二阶段,给定 j 的提交回答行为,预测用户 i 是否会通过 j 的好
友请求,有目标函数如式(4-17)。与第一阶段不同的是,在这一环节,利用了答案
提交行为和用户通过请求行为的数据,并将预测的偏好与真实标签之间的交叉熵
损失与正则化项损失相加,得到第二阶段的损失函数。

$$\min L_2 = \text{crossEntropy}(p_2, y_2) + \text{regularize}\left(\sum \boldsymbol{W}_i + \sum \boldsymbol{b}_i\right) \quad (4\text{-}17)$$

在实际训练过程中,首先训练第一阶段模型,学习到问题文本的有效表示后,
再训练第二阶段模型,学习答案文本的有效表示;最后用得到的整体模型进行用户
推荐结果生成与评估。

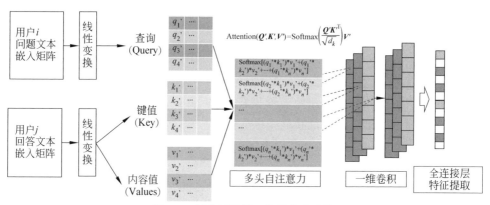

图 4.5 用户匹配第二阶段文本建模

4.3.7 推荐结果生成

为了评估模型的性能,首先要检验模型对于文本内容建模的合理性。给定一
对用户及相应的问题和答案的文本数据,评估本章提出的模型是否可以准确预测
其匹配结果,包括预测用户向哪些用户发送请求,以及给定某用户收到的请求,预
测其是否同意请求。这证明了模型能够从文本中学习有意义的表示,该部分结果
将在 4.4.5.3 节讨论。然而,该预测是在已知问题和答案文本的条件下做出的,不
能完全适用于推荐场景。

在推荐场景中,研究面临的挑战在于预先不知道答案内容,而问题内容可能会随着时间而改变。为了解决这一挑战,需要在文本内容未知的条件下,生成推荐列表。前面提到,本章使用注意力机制对用户的问题和回答文本进行建模,最后得到了表征用户自我呈现风格的向量,该向量可以通过他/她提交或给出的历史问答记录来学习得到,而且个人风格具有某种意义上的稳定性。

基于以上特征,在完成两阶段训练后,我们使用两个大型矩阵来存储用户问题和用户答卷中体现的个人特征向量,这也节省了在线推荐中文本处理的计算成本。训练完成后,对整体历史数据进行一次迭代。每次从新的问题或答案中提取到新的特征 $\boldsymbol{f}_{iq}$ 和 $\boldsymbol{f}_{ja}$ 后,首先计算新特征与之前存储特征之间的加权平均值,并用新的加权值 $\boldsymbol{f}_i^t$ 和 $\boldsymbol{f}_j^t$ 来替换原始值 $\boldsymbol{f}_i^{t-1}$ 和 $\boldsymbol{f}_j^{t-1}$。通过这种方式,可以对历史值进行指数衰减,并给更近期的特征赋予更高的权重,符合实际应用场景的需求。式(4-18)和式(4-19)是用户特征更新规则的形式化表达,α 表示新特征值的权重占比。

$$\boldsymbol{f}_i^t = (1-\alpha)\boldsymbol{f}_i^{t-1} + \alpha\boldsymbol{f}_{iq} \tag{4-18}$$

$$\boldsymbol{f}_j^t = (1-\alpha)\boldsymbol{f}_j^{t-1} + \alpha\boldsymbol{f}_{ja} \tag{4-19}$$

对于一个待推荐用户,本章提出的 TAPM 模型计算该用户和所有候选用户之间的综合偏好分数,并将排名前 K 的用户加入推荐列表中。尽管模型比较复杂,但学习表征用户自我呈现风格的特征向量过程可以在线下完成,因此线上场景可以达到与协同过滤算法相同的复杂度,并满足实时推荐的要求。

4.4　实验结果及分析

4.4.1　研究背景和数据集描述

本章场景基于中国一个领先的校园在线交友平台,该平台具有创新的基于问答的交友匹配机制,数据集对应时间从 2019 年 8 月 19 日到 9 月 3 日,包括用户基本属性信息(性别、婚恋状态、生日、学历、学校、院系、家乡省份、家乡城市)、问题、答案文本和用户交互行为(用户点击浏览其他用户信息、发送交友请求、接受交友请求等)。每个用户可以自由提出 3~5 个问题,其他用户选择答题,如果出题用户给出的答卷分数超过 60 分,则表示出题用户同意好友请求,双方匹配成功。我们使用前 10 天的数据(包含 287 664 对问答,3 203 119 次点击)作为训练集,其余的数据(包括 152 294 对问答,1 750 895 次点击)作为验证集和测试集,其中测试集和验证集按照 1∶1 的比例进行划分。行为交互数据作为两阶段匹配模型的训练和测试标签。在第一阶段,使用用户的答题行为作为模型训练正例标签;第二阶段,使用用户的答题通过行为作为模型训练的正例标签;而在算法测试评估阶段,使用答题且通过的行为作为推荐成功的信号;将用户仅点击但没有答题的行为记录作为模型的负例。我们将在后续进行一系列对比实验,以证实所提出模型的有效性和合理性。

4.4.2　Word2vec 单词聚类

首先训练一个词向量模型,学习到每一个词语的向量表示,并使得相似语义的词语向量距离较近。该模型的优化目标如式(4-20),目的是给定上下文向量,最大化中心词向量的出现概率。$\boldsymbol{v}_{w_I}$ 表示上下文向量,$\boldsymbol{v}_{w_k}$ 表示某一中心词向量。

$$P(w_k \mid w_I) = \frac{\exp(\boldsymbol{v}_{w_k}^{\mathrm{T}} \boldsymbol{v}_{w_I})}{\sum\limits_{j'=1}^{V} \exp(\boldsymbol{v}_{w_{j'}}^{\mathrm{T}} \boldsymbol{v}_{w_I})} \tag{4-20}$$

然后,基于词向量模型的结果,我们对所有单词按照欧几里得距离公式计算相似度并进行聚类分析,从定性的角度了解用户发布文本内容的话题分布。表 4.2 对每一类别进行了归纳,并给出了典型的词语作为示例。可以看到,整体的话题分布较为广泛,用户除了与对方交流未来发展、生活日常等话题之外,还涉及兴趣爱好、性格、恋爱观、人生哲理等其他话题。而话题的选择以及某一话题下的观点表达都是用户在平台自我呈现的一种具体表现。

表 4.2　词向量聚类结果

类 别 编 号	话 题 类 型	词 语 举 例
1	语气词、常用词	可以、行
2	学业与未来规划	工作、城市
3	外貌相关	体重、身高、打分
4	答题相关	描述、答题、理由
5	关系相处	聊天、朋友、分手
6	性格	聪明、可爱、认真
7	兴趣爱好	台球、运动、健身
8	标点符号、表情	＞＜, ☆, 3
9	书籍电影类	悬疑、影视作品、书籍、作者
10	恋爱观	心目中、理想、完美、欣赏

续表

类别编号	话题类型	词语举例
11	人生哲理	回忆、平凡、富足、及时行乐
12	称谓	姑娘、宝贝、仙女
13	标准问题	什么、怎么样、说一说
14	饮食、小动物	西红柿、炒鸡蛋、蔬菜、猫猫
15	生活日常	窗外、孤单、聊聊天

4.4.3 评价指标

- 归一化折损累计增益（NDCG），如式（4-21）所示。推荐成功的结果在推荐列表中排序越靠前，则该指标数值越大，其中 $IDCG_u = \sum_{i=1}^{T_u+1} \dfrac{1}{\log_2^{i+1}}$，代表理想情况下的折损累计增益。其中 u 代表用户，$r_{u,i}$ 是生成的推荐列表，$\mathbf{1}(r_{u,i} \in f(u))$ 代表对用户 u 的第 i 个推荐是否成功与 u 匹配，如果实际匹配的用户出现在推荐结果列表的前 N 个位置，则该指标为 1。

- 命中率（Hit Ratio，HR），如式（4-22）所示，用于衡量实际匹配成功的结果中被成功推荐的比例，T 代表成功匹配的总数量。因此，HR@N 衡量了在所有用户的所有实际匹配中被成功推荐的比率。

值得注意的是，以往推荐系统的文献在进行模型效果评估时，往往从全体用户中通过随机采样的方式获取负样本，但是该采样方法得到的负样本可能是有偏的，因为采样得到的负样本之所以没有被用户选择，有可能是因为用户完全没有看到相应的用户信息。本研究拥有更细粒度的用户点击数据，克服了上述不足，将被点击了详情但没有被提交答卷的用户作为负样本，而将被点击了同时也通过对方好友请求的用户作为正样本，所获取的负样本更接近现实。这样得到的推荐评估结果更为科学和准确，但同时也提升了模型预测的难度。

$$\text{NDCG @} N = \frac{1}{|U|} \sum_{u \in U} \frac{\sum_{i=1}^{N} \dfrac{\mathbf{1}(r_{u,i} \in f(u))}{\log_2^{i+1}}}{IDCG_u} \tag{4-21}$$

$$\text{HR @} N = \frac{1}{|T|} \sum_{u \in U} \sum_{i=1}^{N} \mathbf{1}(r_{u,i} \in f(u)) \tag{4-22}$$

4.4.4 参数设置和基准模型

首先在验证集上测试模型,得到最优模型超参数。设置模型学习率 0.001,正则化系数 1e-5,其他超参数设置如表 4.3 所示。在后续章节会对某些重要参数,如多头 head 数量、卷积核数量等进行参数敏感性分析,并对学习率和正则化系数进行详细讨论。

表 4.3 模型超参数设置

模型超参数	取 值
词向量维度	100
问题(回答)文本最大长度	50
双层 CNN 卷积核大小	[128,100]
多头 head 数量	2
用户结构化属性信息维度	8
批处理数量(Batch number)	50
丢弃率(Dropout rate)	0.5
最大迭代次数	20

为了验证模型的效果,我们结合以往文献,总结出几类基准模型用于比较[81,94-95]。由于以往文献中考虑文本内容的双边推荐模型较少,为了从多个角度验证所提出模型在文本建模及两阶段刻画方面的优势,本章从不同角度加入了一些其他对比方法。

基于隐因子的模型

- 隐因子双边推荐(Latent Factor Reciprocal Recommender,LFRR)[81]:基于双边用户的交互行为计算两个矩阵对应的隐因子,并将得到的打分进行平均化处理。

- 两阶段隐因子双边推荐(Two Stage Latent):在 LFRR 基础上考虑匹配的两阶段过程,每一阶段的用户特征通过交互行为的矩阵分解算法学习得到。

- 基于结构化属性与隐式信息的混合模型(Two Stage Hybrid):在匹配的两阶段同时考虑用户结构化属性信息、文本中包含的隐式信息以及从交互行为中学习得到的隐因子,进行双边推荐。

基于结构化属性信息的模型

- 基于用户结构化属性信息的双边推荐(User Demographic)：在匹配的两阶段均只考虑用户的结构化个人属性信息。

基于深度神经网络的模型

- 基于卷积神经网络的模型(CNN)[94]：考虑匹配的两阶段过程，运用卷积神经网络对文本内容进行建模。
- 基于双向长短时记忆网络的模型(BiLSTM)[95]：考虑匹配的两阶段过程，运用双向长短时记忆网络对文本信息进行建模。
- 基于门循环单元网络的模型(GRU)：考虑匹配的两阶段过程，运用门循环单元(Gated Recurrent Unit)对文本信息进行建模。

基于注意力机制的模型

- 基于第一阶段学习的模型(Stage One Only)：仅考虑匹配过程的第一阶段，从第一阶段的文本信息和交互行为中挖掘用户自我呈现风格特征并用于推荐。
- 基于第二阶段学习的模型(Stage Two Only)：仅考虑匹配过程的第二阶段，从第二阶段的文本信息和交互行为中挖掘用户自我呈现风格特征并用于推荐。
- 基于自注意力机制的模型(Self Attention)：考虑匹配的两阶段过程，在对答案文本建模时，不考虑问题和答案之间的依赖关系，使用自注意力机制进行建模。
- 本章提出的模型：本章提出的考虑互注意力机制及个人自我呈现风格匹配度的两阶段双边推荐模型(Two Stage Attention based Self-Presentation Mining Reciprocal Recommender，TAPM)。

4.4.5 实验结果

4.4.5.1 与基准模型的推荐效果比较

表 4.4 展示了本章提出的模型与对比模型在 NDCG 与命中率两个指标上的推荐效果，其中 NDCG@10 代表将推荐分数最高的前 10 名用户作为最终推荐结果，NDCG@30 代表将分数最高的前 30 名用户作为最终推荐结果。本研究提出的对比模型涵盖了不同的信息源、不同的文本建模方法以及不同的过程视角，旨在全方位地展示本章所提出模型 TAPM 的优越性能。

首先，通过与仅利用交互信息的模型(LFRR、Two Stage Latent)对比，可以看出考虑文本信息内容能够显著提升推荐效果。其次,通过对比仅利用用户结构化信息的模型(User Demographic),论证了文本内容中体现的用户个人自我呈现风格起着尤为重要的作用:一方面是由于用户在网络上披露的个人信息极为有限且真实性未必可靠;另一方面是由于用户在交友时不仅关注学校、年龄等结构化属性信息,也关注文本中体现的个人隐性特质。再次,通过与其他神经网络结构(CNN、GRU、LSTM)的对比,可以发现基于注意力机制的模型能够更有效地提取问答文本中的相关信息,尤其是考虑回答和问题文本之间的依赖关系而引入的互注意力机制(对比 Self Attention 模型),更是体现出了所提出模型在回答文本信息提取方面的强大优势;最后,交友平台上的匹配不仅涉及双边的偏好,也涉及发起者发出请求和接收者接受请求两个阶段。通过与单一阶段模型的对比,本章提出的算法因为充分考虑两个阶段的偏好,对匹配过程进行了完整的建模,具有更高的推荐准确率。

表 4.4　TAPM 与基准模型效果比较

模　型	NDCG@10	命中率@10	NDCG@30	命中率@30
LFRR	0.1662	0.2496	0.2093	0.5054
Two Stage Latent	0.1702	0.254	0.297	0.6335
User Demographic	0.1972	0.2732	0.32	0.6465
Two Stage Hybrid	0.1881	0.2707	0.3125	0.6454
CNN	0.2131	0.2981	0.3327	0.6655
GRU	0.2226	0.3049	0.3428	0.6728
BiLSTM	0.2111	0.2922	0.3308	0.6561
Self Attention	0.2001	0.2799	0.2229	0.5137
Stage One Only	0.1821	0.2574	0.3057	0.6318
Stage Two Only	0.1824	0.2601	0.3044	0.6286
TAPM	**0.2274**	**0.3095**	**0.3459**	**0.6725**

4.4.5.2　两阶段偏好相对权重大小对结果的影响

上述实验对两阶段的偏好采取了简单的加权平均的形式,但在现实生活中,两阶段偏好的权重对于最终匹配结果的影响可能是不同的。基于训练后的模型,在测试阶段,分别调整第一阶段偏好权重和第二阶段偏好权重的占比大小,观察算法效果产生的变化,如表 4.5 所示。从表中可以看出,模型的推荐效果(NDCG 和命中率)随着权重的变化而变化,两阶段偏好所占权重相等时的模型效果最好,证明了对两阶段匹配过程综合建模的必要性。同时,对比仅使用第一阶段或者第二阶段训练数据进行推荐的结果,可以发现,无论权重如何,整体上考虑两阶段偏好的模型都比仅考虑单一阶段的模型效果更优,表明在本章场景下,请求发送方和请求接收方的决策都对整体匹配结果有重要影响。

表 4.5　两阶段权重不同占比对结果的影响

第一阶段权重	第二阶段权重	NDCG@10	命中率@10
0.1	0.9	0.2094	0.2888
0.2	0.8	0.2124	0.2919
0.3	0.7	0.2164	0.2968
0.4	0.6	0.2212	0.3023
0.5	**0.5**	**0.2274**	**0.3095**
0.6	0.4	0.2263	0.3098
0.7	0.3	0.2197	0.3015
0.8	0.2	0.2102	0.2912
0.9	0.1	0.2019	0.2815

4.4.5.3　不同推荐目标下的模型表现

在实际应用场景中,平台的目标可能会变化调整,例如从最大化成功匹配的次数转向提升用户答题的概率(也就是第一阶段模型的训练目标),或者给定用户答题情况,提升用户通过答卷的概率(也就是第二阶段模型的训练目标)。本章提出的模型综合考虑了两阶段的匹配过程,具有较高的灵活性,并且最终的推荐结果也可以配合管理目标的需要,调整为单阶段的目标,如提升用户答题率。表 4.6 展示了本章提出的模型在文本信息已知的条件下,分别在两阶段任务上的预测准确率。与前面讨论的推荐任务不同,这里主要讨论预测任务的表现。准确率指标使用精确率(precision,衡量预测为正的样本中实际也为正的样本所占的比例)、召回率(recall,衡量实际为正的样本中预测也为正的样本所占的比例)和 F_1 值(精确率与召回率的调和平均值)来衡量,与以往文献保持一致[81]。可以看出,模型在两个阶段的预测准确率均可以达到较为理想的水平,在第一阶段的召回率较高,在第二阶段精确率和召回率相对平衡。需要说明的是,以往文献[81]在从数据库中剔除冷启动用户后得到了更高的准确率结果,但冷启动用户对于平台发展具有重要价值,而本研究考虑了所有用户,因而预测难度显著提升。

表 4.6　不同推荐目标下的模型表现

阶　　段	精确率	召回率	F_1
第一阶段预测表现	0.56	0.72	0.63
第二阶段预测表现	0.61	0.64	0.63

4.4.5.4　时间成本对比

在论证了所提出算法推荐效果优越性的基础上,进一步对比了不同模型的训练和推荐生成过程所需花费的时间成本,如表 4.7 所示。总体而言,本章提出的模型 TAPM 训练花费的时间远小于基于循环神经网络的模型(如 GRU、BiLSTM),与基于卷积神经网络的模型花费的时间相当,并且大于基于隐因子的模型(如 LFRR、Two Stage Latent)和基于结构化属性信息的模型(User Demographic)。

表 4.7　模型训练和推荐生成时间成本比较

模　　型	模型训练时间/s	推荐生成时间/s
LFRR	105.3	20.9
Two Stage Latent	332.0	31.6
User Demographic	317.8	14.7
Two Stage Hybrid	515.6	40.6
CNN	470.7	16.0
GRU	943.3	22.1
BiLSTM	891.7	32.5
Self-attention	556.7	35.9
TAPM	459.0	20.7

4.4.5.1 节提到,在模型表现方面,基于循环神经网络的模型表现仅次于本章提出的模型,但因其在训练过程中无法并行化处理,导致时间成本较高;而本章提出的基于注意力机制的设计可以实现大规模并行化处理,因此也被广泛运用于很多大规模自然语言处理任务;卷积神经网络模型也可以进行并行化运算,因此时间成本和本模型相当;传统的基于隐因子的模型因为没有对用户在平台上发表的文本信息建模,仅考虑了用户之间的交互行为,所以效果较差,而且运算成本也较低。

同理,仅考虑用户结构化属性信息的模型,虽然时间成本较低,推荐效果却不尽如人意。值得注意的是,两阶段的混合模型综合利用了多方面信息(包括隐因子信息、用户结构化属性信息以及文本内容),其训练成本较高,表现也差于本章提出的模型。

从生成推荐的时间成本来看,本研究的模型同样表现出一定优势。如 4.3.7 节所述,在生成推荐时,TAPM 基于在训练过程中生成的用户个性化特征进行运算,省去了文本处理的计算成本。因此理论上,TAPM 模型与最简单的隐因子模型生成推荐结果的过程具有相同复杂度,这样也能够保证线下训练模型而线上生成实时推荐的现实可行性。

4.4.5.5　消融实验

本章提出的模型相比以往文献,主要在以下几方面做出了改进:(1)引入互注意力机制刻画用户提问与回答文本之间的语义依赖关系;(2)对交友过程的两阶段进行过程建模,充分考虑双边异质性偏好进行推荐;(3)引入自我呈现匹配度概念,刻画出题者在决定是否通过答卷时的考虑因素。为了更好地说明以上创新在推荐效果方面的提升程度,本章做了消融实验,即在整体模型中去掉某一模块,观察其对最终推荐结果的影响。例如,表 4.8 第 2 行表示去掉模型中的注意力机制模块,模型其余部分(两阶段建模、CNN 等)保持不变,比较整体的推荐结果产生的变化。

表 4.8　模型消融实验结果

去　掉　模　块	NDCG@10	命中率@10	NDCG 提升/%	命中率提升/%
整体模型	0.2274	0.3095	0	0
注意力机制	0.2131	0.2981	6.75	3.82
用户结构化属性	0.2080	0.2920	9.35	6.01
卷积层	0.1949	0.2728	16.70	13.47
风格匹配度	0.1903	0.2698	19.52	14.73
第一阶段	0.1824	0.2601	24.70	19.01
第二阶段	0.1821	0.2574	24.90	20.26

表 4.8 的实验结果给出了模型去掉不同的模块后的表现,其最后两栏表示引入该模块带来的效果提升,也即整体模型相比于消融模型在 NDCG 和命中率指标上的提升。结果表明,我们提出的自我呈现风格匹配度这一概念对算法的 NDCG 和命中率提升非常显著,高达 19.52% 和 14.73%;而仅有注意力机制不能保证更好

的效果,需要卷积模块对加权后的信息进行汇总,因此卷积神经网络模块也有较高的提升。相比而言,用户结构化属性信息没有卷积模块的重要程度高,可能的原因之一是我们对该类信息仅计算了相似度,而没有进行更为复杂的分析;原因之二可能是用户提供的年龄等信息未必真实,因此影响了推荐效果。综合考虑两阶段过程带来的效果提升最为明显,NDCG 和命中率的提升高达 20%,远远大于注意力模块和卷积模块的提升作用。

4.4.5.6　超参数敏感性分析

本节通过分析重要超参数对结果的影响来进一步评价模型的稳健性。首先分析模型的学习率和正则化系数 l_2,学习率的取值变化范围为 $[0.0001,0.0005,0.001,0.005]$,正则化系数的取值变化范围为 $[0,1e-5,1e-4,1e-3]$。从图 4.6 结果可

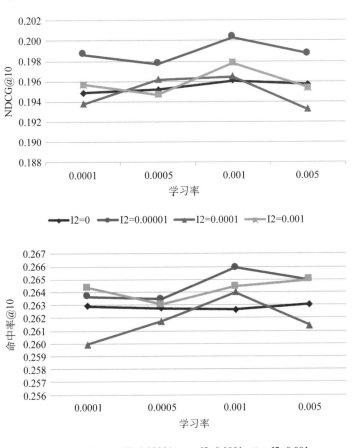

图 4.6　不同学习率以及正则化系数对结果的影响

知,学习率在 0.001 以及正则化系数在 1e-5 时模型表现最好,说明了正则化项对于控制模型过拟合现象是必要的,但正则化系数过高会影响模型的推荐准确性。学习率过低会导致模型在给定的迭代次数内无法达到最优解,而学习率过高则容易导致模型在最优解附近跳跃难以收敛。除非特别说明,本研究的模型结果都是在两个系数设置为最优参数的条件下开展并进行结果呈现的。

其次,本模型借鉴了自然语言处理领域的研究进展,提出运用多头自注意力和互注意力机制对文本内容进行建模,并引入两层的卷积神经网络进一步对文本进行特征提取,接下来分析多头 head 数量和卷积核数量对结果带来的影响。head 数量变化选择范围是[1,2,4](考虑到词向量嵌入维度为 100,head 数量需要被 100 整除),卷积核数量选择范围是[64,128,256]。从图 4.7 可以看出,结果整体而言对参数变化不敏感。卷积核数量在 256 时整体效果更好一些,当卷积核数量较小时(如卷积核为 64),模型效果随着 head 数量的增加而变好;当卷积核数量较大

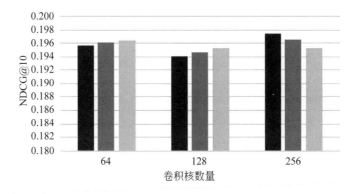

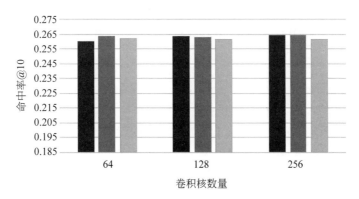

图 4.7　不同多头(head)数量及卷积核数量对结果的影响

（如卷积核数量为 256）时,模型效果随着 head 数量的增加而变差。可能的解释是,
卷积层和注意力层存在某种程度的互补作用,当多头数量和卷积核数量都较大时,
模型参数量过多并导致模型训练的复杂度提升。因此,在本章研究场景和有限的
数据样本下,对深度学习模型而言,并非参数量越多模型效果越好。

4.4.5.7　模型分组结果比较

我们在评估算法推荐效果时,将在测试集中某一用户点击过的所有用户作为
潜在候选集合,从中选出推荐分数最高的 10 名用户作为推荐结果。如果用户点击
行为较为频繁,则备选集合会非常大,增大了精准推荐的难度。表 4.9 展示了不同
频率的点击行为下,研究模型和对比模型的推荐效果比较,其中(10,30]表示被推
荐用户点击过的用户数量在(10,30]范围之内,以此类推。

表 4.9　不同稀疏度数据集的推荐结果

模　　型	(10,30]		(30,50]		(50,70]		整体表现	
	NDCG	HR	NDCG	HR	NDCG	HR	NDCG	HR
LFRR	0.2503	0.4742	0.1433	0.2448	0.0978	0.1649	0.1662	0.2496
Two Stage Latent	0.2555	0.4804	0.1497	0.2584	0.098	0.1613	0.1702	0.254
User Demographic	0.2964	0.5229	0.1653	0.2683	0.1251	0.184	0.1972	0.2732
Two Stage Hybrid	0.2785	0.5062	0.1644	0.271	0.1168	0.1807	0.1881	0.2707
CNN	0.3129	0.544	0.1865	0.3041	0.1435	**0.2254**	0.2131	0.2981
GRU	0.3198	0.5492	**0.1984**	0.3042	0.152	0.223	0.2226	0.3049
BiLSTM	0.3142	0.5434	0.1806	0.2947	0.1357	0.206	0.2111	0.2922
Self-attention	0.2996	0.5271	0.1758	0.2826	0.1135	0.1787	0.2001	0.2799
TAPM	**0.3318**	**0.5554**	**0.1979**	**0.3159**	**0.1494**	**0.2247**	**0.2274**	**0.3095**

从结果可以看出,整体而言,随着点击频率的逐渐增加,所有模型前十推荐的
准确率在下降,而在(10,30]这一组,本研究模型的命中率可以高达 0.56。横向对
比可以发现,无论在哪一用户组,相比于基于隐因子的模型、基于用户结构化属性
信息的模型、其他深度神经网络模型以及其他基于注意力机制的模型,本研究模型
整体推荐效果更优,表现出了显著优势。在少数情况下,基于卷积神经网络和门循
环单元网络的模型也具有较高的表现。

4.4.5.8　模型可视化和可解释性分析

本章通过一系列数据实验,从量化的角度验证了模型在准确率、计算成本、稳

健性、推荐目标灵活性等方面的突出表现。本节通过案例分析展示该模型在所提出的注意力机制下对于文本内容的学习结果。如表 4.10 所示,每个序号代表一对用户之间的问答文本,用户可以提出多个问题,每一行代表一个问题和相应的回答。本研究提出的自注意力和互注意力机制会对每个输入的文本矩阵计算相应的权重,并根据权重对文本进行加权表示,进一步输入卷积模块。其中,权重越高代表该文本对于下游任务(即用户自我呈现风格特征提取)的重要性越高。给定问题或者回答文本,我们根据训练好的模型结果,对每个单词在提出的注意力机制下得到的权重进行均值处理,并对权重较高的单词进行加粗表示,更加直观清晰地展示出哪些词语能够更好地代表用户的个人特质和影响用户匹配,以增加模型的可解释性。

　　由表格呈现的结果可以总结出以下规律:(1)一些重要的名词会被赋予较高的权重,例如"规划""目标""身高体重""运动"等,体现了提问者关心的方面;(2)一些否定词、疑问词或者体现个人特征的副词会被赋予较高的权重,例如"怎么样""没有""啥""超""总是""很""略微"体现了回答者语气的确定程度和风格;(3)还有一些能够体现用户个性化特征的表情符号,也得到了较高的权重(表格中用下画线表示),一些例子包括"(๑˃̵ᴗ˂̵)""●v●",体现了用户的可爱和随性等个人风格。同时,通过这些词语也可以从侧面看出用户的自我呈现风格及匹配度。例如,第一组用户的问答中,提问者的内容充实具体,而回答者的语言简单概括,自我呈现风格不匹配,最后两人未能建立好友关系。在第二组中,提问者和回答者的风格都较为文艺清新,最终也成功匹配。在第三组中,提问者的问题较为客观直接,体现了其对对方的某些期待,而回答者在理想性和真实性之中选择了真实性,没能满足提问者的期待,最后二者没有建立好友关系。在最后一组中,提问者风格可爱,而回答者风格幽默,二者自我呈现风格较为匹配,并建立好友关系。以上案例从定性的角度,展示了模型通过数据驱动方式学习到的高权重词语的共性特征,以及这些词语体现的自我呈现风格匹配度与匹配成功可能性的正相关关系,再次验证所提出模型的合理性。

表 4.10　注意力机制下的文本可视化

问　　题	回 答 文 本	风格匹配	好友
你喜欢什么样的生活呀?你**对于**未来有什么样的**规划**呢?	**平凡而不失情调**	否	0
目前生活状态是**怎么样**的呢?有没有什么**目标**要去完成的呢?	自给自足		

续表

问　　题	回 答 文 本	风格匹配	好友
你有喜欢的偶像或者剧或者书，电影啥的吗？	没有特别喜欢的		
平时有什么爱好呢？	台球		
当你赶 deadline 的时候，意外发现窗外天空被瑰丽的晚霞填满，你接下来会做什么？	这得停下来看着天发会呆	是	1
如果你未来的住所有一个小院子，你会将它改造成什么样子呢？	小巧点，好玩点，有些绿色植物，有个小躺椅可以在阴影里晒太阳		
喜欢动漫吗？可乐还是牛奶？简单描述一下自己的性格～报上身高体重～有选择恐惧症吗？	超喜欢国漫，也看过一些日漫 夏日可乐，冬季牛奶 略微内向，比较随和，实在型 173cm 70kg 略微有一点，我做事情总是想得很多，想得很全	否	0
用三个形容词描述一下自己吧（๑ ´ ᵕ ๑）说出你对我的期待吧●v●最喜欢的两种运动	乐观 可爱 高冷 你打游戏很厉害吗？ 吃喝玩乐	是	1

4.5　本章小结

　　随着线上交友平台的不断发展完善，用户规模呈现指数级增长，在信息过载背景下，用户难以找到符合自己偏好的交友目标。为了帮助平台用户找到合适的匹配对象，同时提升平台的管理水平和服务质量，了解双边用户个性化需求和偏好的推荐系统起着至关重要的作用。在线上交友的场景下，年龄、生日、教育背景、家乡等结构化属性发挥基础性的作用，而用户在自定义文本内容中体现的个人隐性特质，如自我呈现风格，同样会对双方的匹配度产生重要影响。本章基于由双边用户的结构化个人属性和文本信息构成的多模态环境，提出一种个性化的交友推荐算法，并通过全方位、多角度的实验论证了算法的有效性。

　　自我呈现(印象管理)是用户在线上交友决策中考虑的重要因素。一方面，用户期待给对方呈现一个良好的形象；另一方面，用户也对他人的自我呈现有个性化的期待和偏好，而用户在平台发表的文本内容能够充分展现用户的个人风格。线上交友的推荐涉及两个不同的阶段,需同时考虑推荐者和被推荐者的偏好。基于此,本章创新性地提出了一种考虑用户自我呈现风格的两阶段双边推荐算法,该算法基于注意力机制和卷积神经网络对文本内容进行建模。本章还设计了互注意力机制,用于刻画问题和回答文本之间的语义依赖与共享语境关系,并在第二阶段匹配决策中考虑用户之间自我呈现风格的匹配度,形成了一个考虑两阶段匹配过程及不同偏好影响因素的双边推荐模型。一系列实验结果充分表明,相比于仅考虑结构化属性信息或者用户交互行为的模型,本章所提出的模型因为考虑了用户之间的问答文本信息,体现了较大的优势(包括多项指标以及不同的数据情境)。相比于其他对文本建模的深度神经网络,本章提出的注意力机制设计不仅具有更好的推荐效果,推荐过程的可解释性也更强。另外,综合考虑两阶段偏好相比考虑单一阶段体现出更大的优势,而两阶段偏好的占比不同,其推荐效果也具有一定差异。此外,本章提出的模型具有良好的扩展性,可以结合不同的推荐目标,灵活调整两阶段的占比,服务于不同的管理需求。在线下训练模型的同时保存了表征用户个人特征的相关信息,因此线上推荐时可以实现与基准模型相同的复杂度和计算成本,具有较高的现实可行性。本章最后对于模型的学习结果进行了可视化展示,以高权重词语来展示模型学习到的用户自我呈现风格,并验证了风格匹配度与匹配成功与否的正相关关系。

　　本章内容具有以下方面的创新点。首先,不同于以往的利用双边推荐算法对双边的偏好进行对称性建模的做法,本章考虑了线上交友的发起者发出请求与接收者接受请求的两阶段过程,对两阶段过程中用户的不同考量因素进行过程建模,能够对双边偏好进行更细粒度的刻画。其次,本章引入深度神经网络的前沿模型——注意力机制对用户交友过程中产生的问答文本进行建模,结合用户在网络空间中的自我呈现相关理论,将用户文本内容中体现的个人风格及匹配度这一隐性因素纳入模型,并取得了较好的推荐效果。从管理实践角度来说,平台管理者在为用户提供推荐服务时,考虑用户在不同的匹配阶段可能存在的不同偏好,能够提升推荐的个性化和精准程度。在推荐模型中考虑文本信息中体现的隐性个人特质也具有重要意义。

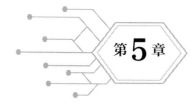

第5章 消费者生成图像对评论打分的行为影响①

基于图像、文本、结构化数据融合的电商产品推荐算法和双边交友推荐算法能够辅助用户决策,提升平台管理水平。作为用户决策的另一类重要信息来源,评论系统包含图像内容、文本内容以及评论打分等多模态信息。本章重点关注评论中的消费者生成图像对于后续消费者购后满意度的影响,并进一步对平台关于评论系统中多模态数据的管理提供理论和实践指导。

5.1 背景介绍

用户生成图像作为用户生成内容(UGC)的一种特殊形式,广泛存在于社交平台和电子商务平台。根据 Statista(2023)的统计数据,41%的被调查用户每月至少在社交媒体网站上发布一次图像或视频,这些大量产生的多媒体内容对企业意味着独特的商业机会,企业也将其作为重要的营销工具来吸引新的消费者,增加营业收入。例如,为了推销其售价 6 美元的面膜产品,著名美妆品牌丝芙兰发起了一项名为"面膜挑战"的活动,鼓励用户晒出在各种生活场景贴面膜的照片,引发了公众对产品的广泛关注,被公认为一次成功的营销活动。除了用户在社交媒体网站上的图片分享,许多电子商务平台也积极鼓励消费者在文本评论之外发布一些图像内容。这些带有图像的评论通常会被平台认定为高质量的评论,也更有可能被展示在评论页面的顶端位置,以迅速吸引潜在买家的注意力,进一步提高产品的说服力[178]。

线上消费者对视觉信息有很高的需求,以解决网络购物存在的信息不确定性

---

① 本章部分内容发表于 *Information Systems Research* 期刊。

问题[180]，尤其是很难客观评估质量的体验型产品。根据 Salsify 在 2019 年的调查，美国线上消费者在亚马逊或其他零售商平台上浏览一件产品时，平均希望看到 6 张图片和 3 段视频；65％以上的消费者认为自己是视觉型学习者（visual learner）。由于商家提供的产品图像存在固定的展示视角，形式主义的呈现，以及产品的过度美化等问题，消费者对商家发布的信息易产生"免疫"，信息的可信度也大打折扣[179]，因此商家提供的产品图像不能完全消除不确定性[180]。消费者生成图像与商家提供的图像不同，消费者对这类内容的需求越来越高，这类内容也常出现在商家营销活动中，但消费者生成图像在降低产品不确定性，提升购买满意度等方面的作用还没有被深入研究。

本章的主要关注对象是消费者在电子商务平台上发布的与产品购买体验有关的图像，称为消费者生成图像（Customer Generated Images，CGI）。它们由之前购买过产品的消费者提供，并通常与文本评论和打分一起出现在产品评论的位置。尽管 CGI 在营销实践中得到了广泛的应用，但学术界对其开展的研究往往是基于小样本的实验，并且关注其对消费者购前感知变量的相关影响，研究表明，CGI 能够提升产品的说服力和消费者购买倾向[132,178]，带有图像的评论被认为有用性更高[124]；而有关其对后续消费者购后满意度的影响的研究非常有限。在评论打分方面，大量研究讨论了产品评论产生的影响因素和产品评论对后续决策的影响[143]，但多数只关注评论文本内容或数字打分，而忽略了 CGI 在这一动态过程中所发挥的作用。

CGI 作为电商平台上的用户生成图像，具有其独特性。相比文本，图像更加具有感知和说服力方面的优势[161]。它们对信息的表达更为丰富，更能吸引消费者的注意力，也会给消费者留下更为深刻的印象[113]。由于 CGI 整合了用户生成内容和图像两者的属性，其比卖家提供的信息更值得信赖[179]，也比用户生成的文本内容更令人印象深刻[125]。这些独有的特征证明了 CGI 在消费者决策中的特别影响，但 CGI 的存在并不能保证更高的购后满意度[181]。一方面，CGI 作为一种区别于文本形式的信息，能够为买家提供更多文本所不能传递的信息，从而降低消费者购物过程中面临的不确定性，我们将其命名为信息效应；另一方面，CGI 相比于文本评论内容会获得消费者更多的信任，因此，在消费者形成购前期望的过程中，CGI 会发挥更大的影响作用。然而，选择发布 CGI 的评论者并非完全客观中立。例如，当消费者对自己穿着一条新裙子的状态非常满意时，会选择发布评论图像，这会进一步影响后续消费者的购前期望，使得在产品质量给定的条件下，由 CGI 带来的过高或过低的购前期望进一步带来购买后期望不确认或者期望确认的效果。我们将其命名为不确认效应[182]。

考虑到已有学术研究的不足和现实的必要性,我们提出如下问题:(1)CGI对消费者购后满意度的影响是什么(购后满意度用后续消费者的评论打分来衡量)?(2)具有不同属性的CGI如何对产品评分产生不同的影响? 这些影响背后的潜在理论机制是什么? 借鉴期望确认理论和图像学相关研究,本章首先论述了CGI对消费者决策可能产生"信息效应"和"不确认效应",并针对CGI的不同属性所产生的不同影响,进一步提出研究假设。基于世界最大的电子商务平台之一——亚马逊平台,本章利用准自然实验的设计,采用双重差分(differences-in-differences)模型对研究问题和假设进行了回答和检验。本章首先讨论了CGI带来的整体影响,模型估计结果表明,CGI对后续评分产生负向影响,使后续产品评分降低1.5%(0.06个星级),这说明CGI的不确认效应大于其信息效应,因而会降低消费者购后满意度。为了更好地理解潜在的理论机制,本章对CGI的美学水平、评论者信息披露以及CGI评论评分的异质性影响进一步进行了研究。高美学水平的CGI对产品评分产生了负面影响,而披露评论者个人信息通过提供更多信息减轻了CGI的负面影响。此外,在高评分组中,CGI的负面影响是平均影响系数的2.5倍,证明了CGI评论者的主观性是解释CGI负面效应的主要因素。本章还进行了一系列稳健性检验,包括考虑平台评论排序算法的影响,考虑CGI对不同类型产品产生的影响,得到了相似的估计结果。为了进一步验证潜在理论机制,特别是CGI在影响期望不确认和产品不确定性方面的作用,我们开展了实验室实验,以深入了解消费者对CGI的态度。在CGI对应评论评分较高时,我们验证了期望不确认效应的存在;而只有在CGI对应评论评分较低时,CGI才具有显著降低产品不确定性的作用。

本章包含了以下研究成果。首先,CGI作为一种重要的用户生成内容,受到了平台和零售商的广泛关注。在一些在线平台上,CGI被放置在显著位置以吸引新客户,也有越来越多的平台以消费者生成图像或视频内容为主要特色。尽管一些研究讨论了CGI对购买意向和信任的积极影响,但大多数研究集中关注它们在吸引新客户方面的效果,而购买后的满意度和它们潜在的负面影响很少被讨论。通过严格的计量分析,我们验证了CGI对后续产品评分的整体负面影响,丰富了对CGI的商业和社会价值的理解。其次,通过进一步的实验室实验,我们发掘了CGI的负面效应的潜在机制。实验结果表明,当CGI伴随高评分时,期望不确认效应表现显著,而信息效应则影响有限。期望不确认效应源于满意的评论者发布的CGI会增加后续消费者的购前期望,从而导致当高期望水平与产品实际质量不符时,出现不满意的购买体验。以往文献表明,产品评分对在线零售商的销售业绩有显著影响,具体到本研究场景下,CGI导致产品评分下降1.5%,相当于整体销售额减少 0.63%。最后,我们发现了几个与 CGI 相关的因素,可以调节该负面效应。CGI 评论者的主观性是决定后续消费者期望水平变化方向的主要因素,美学水平也在影响消费者期望水平方面发挥了作用。对于平台管理者来说,从内容角度来看,应鼓励评论者发布较为客观的 CGI 以及真正有益于潜在买家购买体验的内容,而不是为了吸引新的购买者而发布。从平台角度而言,可以考虑推行更好的隐私保护政策,因为这可以缓解评论者对于隐私方面的担忧,并给评论者更多的动力来向评论系统披露个人信息(如面部特征等)。此外,研究还探讨了 CGI 对于不同产品类型(服装、电子产品)的不同影响,为学术界和实践领域贡献了丰富的理论和管理启示。

5.2　研究假设

期望确认理论由 Oliver 于 1980 年提出[183],该理论认为,用户的满意度水平取决于用户感知到的产品效果以及期望不确认的程度。在本研究场景下,消费者的满意度取决于产品的实际效用以及消费者的购前期望得到确认或满足的程度。在发布针对一个特定产品的评论之前,消费者通常会经历两个阶段。首先,消费者在体验产品之前,会浏览 CGI、评论文本、产品描述等信息,通过信息获取和信息加工等过程形成对产品的期望,如果期望水平较高,则会做出购买决定。接着,消费者在收到产品后,获知了产品的实际效用,并决定是否发布评论,以及根据期望水平和实际效用确定评论打分。在控制了时间趋势、社交影响、评论者特征等影响评论的因素后[136,152],评论打分反映了消费者对此次产品购买的满意度,高的评分表示满意程度高,低的评分表示满意程度低。在上述决定消费者满意度的两个因素中,给定某一产品,产品的实际效用取决于消费者对产品本身的实际体验,期望确认程度则在很大程度上受到 CGI 的影响。基于图像和评论相关文献的研究,CGI 在消费者购前期望形成的过程中起两种相反的作用,即信息效应和不确认效应。

信息效应

图像和文本作为两种不同的信息载体,构成了互补而非替代的关系[52-53]。文本语言擅长表达条件事件或者因果逻辑,而图像作为一种视觉语言能够更有效地传达情感、态度或细节。因此,CGI 能够为消费者提供除文本信息之外更为丰富的信息。例如,对于一件裙装,从文本信息中很难了解到其具体的纹理特征,消费者看到图像后则会一目了然。虽然 CGI 和商家提供图像(Marketer Generated Images,MGI)都以图像的形式来描述产品,但 CGI 与 MGI 在展示角度、图像内容和可信度等方面有所不同。CGI 从消费者的角度出发,展示消费者关心的内容,而 MGI 更多地从卖家的角度出发展示产品的卖点。此外,CGI 通常包含与评论者相关的个人信息,这类信息可能为后续消费者的决策提供参考。相比之下,MGI 更多关注产品的营销推广。同时,相比 MGI,消费者对 CGI 有更多的信任[179],甚至卖家也更喜欢利用这一点,并倾向于转发带有用户发布图像内容的帖子[184]。与没有 CGI 的同类产品相比,CGI 带来的这些差异可能会帮助消费者更加知情,减少信息不对称性,并进一步形成理性的购前预期,从而做出更满意的购买决策[185]。

不确认效应

　　除了提供信息之外,CGI 本身的一些特征可能会干扰后续消费者的信息处理和认知决策过程,并使其对产品形成非理性的过高预期。首先,CGI 包含评论者的主观评价,因为评论者出于对自身形象的考虑,可能会在对产品较为满意的情况下选择发布图像[200],因而带有 CGI 的评论未必能够代表产品的整体质量。同时,以往文献表明,带有 CGI 的评论更能赢得后续消费者的信任[186],消费者在购买决策中也会给予 CGI 较高的权重[179]。那么,这些 CGI 中包含偏见的判断可能会向潜在买家传递不准确的信号,提升潜在买家对产品的期望,并降低信息的客观性,最终影响消费者的决策质量。其次,CGI 在美学质量上存在差异,而美学质量可能会影响消费者对产品的看法[198]。一般来说,具有高美学水平的 CGI 可以更有效地传达信息,但它们同时会对潜在的消费者具有较高的吸引力,而图像的吸引力会转化为对产品的高期望[121],导致与理性期望的偏差。相反,对于美学质量较低的 CGI,由于视觉体验不够愉快,消费者对产品的期望可能会更低。总体来说,CGI 评论者的主观性和图像美学水平的异质性是影响消费者购前期望的主要特征。如果消费者在购买前持有不切实际的期望,他们就更有可能在体验产品后感到失望,因此会给产品打出较低的评分。

　　CGI 的信息效应通过降低产品的不确定性,帮助消费者形成更现实、更客观的购前期望,而不确认效应则使消费者的信息处理过程产生偏差,从而使消费者形成不现实、不理性的购前期望。在实际产品效用给定的情况下,CGI 的信息效应和不确认效应对购后满意度或后续产品评分会产生相反的效果。因此,CGI 对产品评分的具体影响取决于信息效应与不确认效应的相对强度,可能产生或正或负的影响。我们在这里对 CGI 的整体影响不做假设。

　　为了更进一步验证 CGI 影响消费者购后满意度的理论机制,我们充分利用 CGI 本身的高度异质性,分别从图像属性和 CGI 所在评论的打分入手,论证不同图像属性在信息提供方面的不同作用以及 CGI 评论者的主观性(由 CGI 所在评论的评分衡量)带来的期望干扰作用。在信息提供方面,我们结合以往图像研究的相关文献及本研究场景,选取了图像美学水平、评论者个人信息披露等属性,选择这些属性的原因有两方面。一方面,这些属性独立于产品的质量或者评论的打分,是消费者生成图像的基本特征;另一方面,对于 CGI 所在评论的评分这一属性,如果评分较高,说明发布 CGI 的评论者对产品非常满意,而这仅代表某个评论者的意见,并不代表产品的平均质量;因而,我们认为 CGI 所在评论的评分一定程度上代表了 CGI 评论者的主观性,是不确认效应的重要来源之一。

CGI 美学水平

摄影学文献广泛讨论了图像美学水平的评判标准[187],如构图、色彩和图像前背景关系等。为了进行大规模的视觉内容分析,近年来传统的特征工程分析方法逐渐被取代,一系列研究工作提出了用深度神经网络自动预测图像美学的算法[129,188-189]。深度神经网络一方面具有利用大规模数据集的优势,能够更加准确地进行图像分析;另一方面,模型直接输出我们关心的变量,省去了烦琐的特征工程以及对图像各类特征的整合工作。

尽管 CGI 在可信度方面表现良好,但与 MGI(商家生成图像)相比,它们通常包含更多瑕疵,这是用户生成内容的典型特征。CGI 的美学水平会影响信息效应和不确认效应的相对强度。一方面,具有高美学水平的图像会在客户中产生更强烈的兴奋感和吸引力,从而营造出一种愉悦的氛围和情绪[113],因而图像美学对产品本身的溢出效应可能会导致消费者产生对产品的高期望;而图像美学独立于产品质量,因此较高的购前期望更可能导致不满意的购买体验。另一方面,从信息提供的角度来看,高美学水平的图像意味着更清晰的图像内容、前景和背景的有效分离、适当的亮度和对比度,以及舒适的颜色[121,187]。由于这些因素,更多的信息可以清晰地传达给客户,进一步帮助客户做出更理性的购买决定[115]。换句话说,CGI 美学水平对后续消费者满意度的作用是双重的,高美学水平的 CGI 既会让潜在客户产生高期望,也能更有效地传递产品信息。因此,CGI 美学水平对评分的影响可能是正面或者负面的。

CGI 评论者信息披露

在体验性产品如时装等的产品评论中,出于隐私或其他原因,一些评论者选择在 CGI 中隐藏自己的面部,而另一些评论者选择在 CGI 中显示自己的面部。Cyr 等[117]证明,面部披露可以使用户在交流中更加意识到对方的存在,并使得线上环境更像面对面的交流。此外,带有人脸的图像更不容易被感知为虚假评论,从潜在买家的视角来看,这进一步增加了 CGI 的可信度。以往研究也表明,人们会对披露身份相关信息的评论做出积极反应[190]。更重要的是,评论者的面部披露也可作为一个信息源,因为相比于 MGI 中的模特,发布 CGI 的评论者与潜在消费者更为相似,对潜在消费者来说更具有可比性,这将帮助买家通过内心想象,对产品的潜在适合度形成更准确的判断和评价[191-192]。因此,有评论者个人信息披露的 CGI 比没有评论者个人信息披露的 CGI 对后续评论打分有更积极的影响。

CGI 评论者主观性

每一张 CGI 都对应着一条具体的评论和评论打分,表示 CGI 评论者对于产品的满意度。高的评分代表着更为积极的信号,低的评分则暗示了 CGI 评论者的不满情绪。然而,对于体验性产品来说,评论打分的方差较大,不同消费者的体验可能有很大不同。一方面,CGI 评论者的高评价并不一定代表着产品质量高,而可能仅仅是因为对产品非常满意的消费者选择发布了 CGI[200]。另一方面,带有 CGI 的评论相比于一般评论,其可信度更高[186],并被消费者认为更加有用[133],因而消费者在认知决策过程中会对包含 CGI 的评论给予更高的权重和优先级。在此种情况下,CGI 所在评论如果具有高评分,就会向那些没有仔细了解产品信息的潜在消费者传递高质量的信号,并可能导致他们的冲动购买行为,但正如前面所说,该信号仅代表某一条评论的观点,并不代表产品的平均水平。根据期望确认理论[183],消费者对产品产生了较高的期待,而这种期待会导致后续的失望,因为 CGI 带来的高期待并不能在体验实际产品后得到满足。对于 CGI 所在评论具有低评分的情况,由于在开始阶段就没有让潜在消费者形成过高期待,因此出现冲动购买行为的概率会降低,并且购前期望也比在高评分 CGI 情况下更为理性。基于以上逻辑,我们认为高评分的 CGI(即 CGI 所在评论的评分较高)比低评分的 CGI(即 CGI 所在评论的评分较低)对于后续评分有更为负面的影响。

5.3 主要场景和数据描述

为了回答本章提出的研究问题并验证研究假设,下面基于真实场景数据集进行实证分析。研究数据来源于亚马逊平台,2022 年,该平台实现净销售额 5139 亿美元,其中北美市场净销售额占比 61%,是世界上市值最高的电子商务平台。该平台每天都会上架大量的产品,发布海量的产品评论,为研究的开展提供了一个完美的实证环境。我们在该平台上选择了一个典型的产品类别,即休闲女装,并收集了这个类别下所有产品对应的从产品上线到收集数据时刻累积的全部数据,包括产品相关特征和相应的产品评论信息。产品评论信息包括评论者 ID、评论时间、评论标题、评论文本和 CGI。典型的体验型产品,如连衣裙等时尚产品,在购买前存在较高的不确定性,因此消费者更有可能依赖用户生成内容,尤其是视觉信息,以减少不确定性。平台也利用该类内容来进行营销活动,吸引新客户[184]。这是我们选择这个特定产品类别作为主要研究对象的关键原因。

图 5.1 是产品信息页面上显示的产品首页评论。从图中可以看出,CGI 不仅被嵌入文本评论中,还被作为一个单独的部分置于页面右侧,这充分体现了平台管理者对消费者生成图像内容的关注。对于后面的大多数分析,我们假设消费者以相同的概率阅读所有评论,理由是在经过倾向得分匹配之后的数据集中,每个产品的平均评论数量小于 30,因而不会因评论过多而给消费者带来较大的阅读负担。在 5.6 节中,我们将进一步考虑消费者阅读第一个评论页面上的评论和 CGI 的可能性更大这一事实,并且研究在每个特定时间点上出现在首页评论上的 CGI 带来的影响。

图 5.1　产品首页评论界面

初始数据集包含 19 149 种产品和 219 017 条评论,其中包括 15 006 张 CGI。其中,超过一半的产品对应的评论少于 5 条,与以往文献保持一致[151]。我们把这部分产品从数据集中删除,同时为了使结果更具代表性,也删除了评论数超过 1000 的产品。对于一种特定的产品,CGI 可能在不同的时间点出现在不同的评论中。为了便于以后分析,我们对同一产品的评论按时间顺序排列,产品层面和评论层面的变量的描述性统计结果见表 5.1。

表 5.1　变量和描述性统计

变　　量	描　　述	平均值	标准差	最小值	最大值
产品层面					
NUM_REVIEWS	产品的评论总数	49.25	93.693	5	997

续表

变　　量	描　　述	平均值	标准差	最小值	最大值
PRICE	产品价格,以美元计算	28.965	23.292	2.48	306.99
QUALITY	产品质量,从 1~5 星	3.816	0.593	1.1	5
FIRST_REV_MONTH	产品的第一条评论出现的月份,2009 年 9 月编码为1,往后递增	73.972	11.377	11	90
FIRST_AVAIL_MONTH	产品在平台上线的月份,2009 年 9 月编码为 1,往后递增	70.457	13.324	1	89
评论层面					
RATING	评论打分,从 1~5 星	3.926	1.341	1	5
TEXT_LEN	评论文本中的单词数量	31.828	37.703	1	1377
TITLE_LEN	评论标题中的单词数量	4.453	3.913	1	31
MONTH	发表评论的月份,2009 年9 月编码为1	78.617	9.425	1	90
REVIEWER_EXPE	评论者之前是否在此产品类别中发表过评论	0.126	0.332	0	1
CGI_DUMMY	虚拟变量,单条评论中是否有 CGI	0.038	0.191	0	1
AESTHETIC QUALITY	CGI 的美学水平	3.525	0.378	1.561	4.871
FACE DISCLOSURE	CGI 是否有人脸披露	0.461	0.498	0	1

注:产品总数量 2802;有 CGI 的产品数量 1174;无 CGI 的产品数量 1628。

　　每种产品平均有 49 条评论,产品平均价格为 28.97 美元,产品平均质量是 3.83 星(产品质量由平台根据机器学习算法给出)。在评论层面上,评论文本的平均长度为 32 个单词,评论题目的平均长度为 4 个单词。所有评论平均评分为 3.9 星,整体评分呈现 J 形分布。只有 12.6 % 的评论由之前有评论经验的评论者发布。此外,在产品层面,41.9%的产品至少有一张 CGI 出现;在评论层面,4%的评论包含 CGI;同一产品的评论中可能有多条评论包含 CGI。图 5.2 展示了有图评论和无图评论的评分分布,可以明显看出,在有图评论中,高分评论占比更多,低分评论占比更少,其中 5 分评论占比高达 60%,3 分及以下评论占比 21%;而在无图评论中,5 分评论占比为 49%,3 分及以下评论占比 31%。整体而言,发图的评论者相较于没有发图的评论者对产品更为满意,回应了前面理论假设部分关于 CGI 带来期望不确认作用的阐述,即选择发布 CGI 的评论者较评论整体对产品态度更为积极,而这可能会对后续消费者产生不确认效应。我们在 5.5.4 节会提供更进一步的模型分析结果的证据。

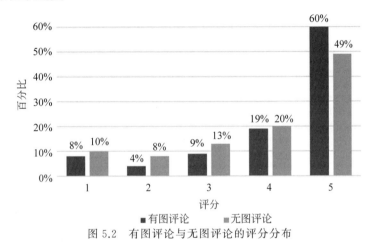

图 5.2　有图评论与无图评论的评分分布

5.4　模型和主要结果

　　为了研究 CGI 对后续产品评分的影响,我们采用了双重差分(DID)模型。双重差分模型被广泛运用于社会学中的政策效果评估,基于反事实框架评估政策发生和不发生条件下对因变量的影响[121]。在我们的研究情境中,评论中出现了 CGI 的产品被归类为实验组,评论中没有出现 CGI 的产品被归类为对照组。同时,通过面板数据可以观察实验组和对照组在"被处理"(有 CGI 发布)前后的评分动态。值得注意的是,DID 模型假设 CGI 是随机产生的,这可能不完全适用于我们的研究情景。也就是说,可能存在一些变量同时影响 CGI 的出现和产品评分,这就违背了随机性假设。例如,产品本身质量较高会使得消费者更倾向于发布 CGI,同时高质量又会获得更高的评论打分。为了解决这个问题,借鉴以往文献[193],我们在模型分析之前首先对两组产品进行倾向得分匹配(PSM),以保证两组产品不存在显著差异。

5.4.1 倾向得分匹配

倾向得分指在产品评论中出现 CGI 的概率,通常用逻辑回归模型(Logit 模型)进行估计,具体表达形式为 $pscore_i = 1/(1 + e^{-X_i\beta})$,$X_i$ 表示可能影响 CGI 出现的与产品 i 相关的可观测变量,β 系数根据已知的实验组和对照组分配情况使用极大似然法进行估计得到。

PSM 模型选择的变量如下:①历史产品评分 PRE_RATING(第一个月之内产生的产品评论平均得分);②产品价格 PRICE;③产品上线时间 FIRST_AVAIL_MONTH;④首条评论出现时间 FIRST_REV_MONTH;⑤产品历史数量 PRE_REV_COUNT(第一个月产生的产品历史评论数量)。变量①和变量⑤代表产品在被处理前的趋势,因为此时实验组的产品还没有被处理(第一个月内有 CGI 产生的产品占比较小,在匹配时从数据集中剔除)。我们认为一个产品是否有 CGI 出现与上述特性有关,例如,如果一个产品非常昂贵,很少有人能承受其价格,那么发布 CGI 的可能性就会很低;产品评分也会影响人们发布 CGI 的意愿;时间因素方面,平台政策或评论行为可能会随着时间而动态改变;评论数量也会影响 CGI 出现的可能性,因为评论者选择是否发布 CGI 可能取决于产品的流行度或者累计的评论数量。

得到每种产品的倾向评分后,采取无放回一对一最近邻匹配方法进行实验组和对照组之间的匹配,以确保两组产品被"处理"的概率相似。经过匹配,对照组和实验组均保留 825 种产品。图 5.3 显示了匹配前后的倾向性得分分布,从中可以观察到,匹配前实验组的倾向得分整体高于对照组,经过匹配后,实验组与对照组的倾向得分分布是高度相似的。为了进一步检查 PSM 的有效性,我们做了平衡性检验。表 5.2 为两组变量匹配前后的差异及显著性水平。匹配前的比较结果显示,实验组的产品平均评分和历史评论数量显著高于对照组,而平均产品价格显著低于对照组。在匹配后,各变量在 10% 水平上均无显著差异,证明了倾向得分匹配的有效性。

5.4.2 双重差分模型

我们提出的 DID 模型如式(5-1)所示,分析在产品-评论-时间层面展开。i 表示单个产品,j 表示评论者,t 表示时间。$Treat_i = 1(0)$ 表示产品 i 在实验(控制)组。如果时间 t 在产品 i 出现第一个 CGI 的时间之后,$After_{it}$ 取值为 1。模型中的关键 DID 变量 $AfterTreat_{it}$ 是 $Treat_i$ 和 $After_{it}$ 的交乘项,它衡量的是 CGI 对后续评分的影响。因变量 $Rating_{ijt}$ 表示评论者 j 在时间 t 时刻对产品 i 的打分。在已

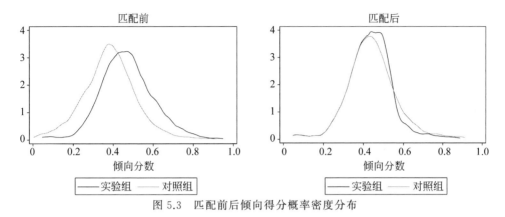

图 5.3　匹配前后倾向得分概率密度分布

有文献的指导下[136,152]，模型加入的控制变量包括 Volumn（以往评论数量）、Valence（以往评论的平均评分）、Variance（以往评论的方差）、TextLen（以往评论文本的平均长度）、Title_Len（以往评论标题的平均长度）和 ReviewerExpe（评论者之前是否有过评论经历）①。产品固定效应 α_i 用于控制其他不可观测的可能影响结果变量的产品相关特征，时间固定效应 T_t 用于控制在产品评分动态中可能出现的季节性。影响因素模型加入产品和时间固定效应后，因为存在共线性问题，所以 $Treat_i$ 和 $After_{it}$ 两项从模型中被去掉。

表 5.2　倾向评分匹配前后的平衡性检查结果

	匹 配 前				匹 配 后			
	实验组	对照组	t 值	p 值	实验组	对照组	t 值	p 值
PRICE	24.491	32.186	−8.07	0.000	25.679	25.794	−0.12	0.902
PRE_RATING	4.101	4.004	2.30	0.022	4.088	4.092	−0.08	0.935
PRE_REV_COUNT	3.714	2.665	7.77	0.000	2.965	3.160	−1.33	0.185
FIRST_AVAIL_MONTH	69.872	70.854	−1.78	0.076	70.988	70.636	0.56	0.578
FIRST_REV_MONTH	72.726	74.799	−4.41	0.000	74.113	73.619	0.88	0.380

---

① 有经验的评论者可能会采取策略性评论行为，在本研究场景下，由于 88% 的评论都是由缺乏历史评论经验的评论者发布的，因此可忽略策略性评论行为带来的打分偏差。

$$
\begin{aligned}
Rating_{ijt} = {} & \beta_1 \cdot AfterTreat_{it} + \beta_2 \cdot Volume_{it} + \beta_3 \\
& \cdot Valence_{it} + \beta_4 \cdot Variance_{it} + \beta_5 \cdot TextLen_{it} \\
& + \beta_6 \cdot TitleLen_{it} + \beta_7 \cdot ReviewerExpe_{jt} + T_t + \alpha_i \\
& + \epsilon_{ijt}
\end{aligned}
\tag{5-1}
$$

5.4.3 CGI 对产品评分的总体影响

根据式(5-1)所示模型,将所有经过倾向得分匹配后的产品对应的评论加入模型中,值得注意的是,某些产品可能有多条评论包含 CGI,在下面的实证结果中会分别分析 CGI 带来的整体影响并考虑 CGI 数量所起到的作用,主模型估计结果见表 5.3。

表 5.3 双重差分模型:CGI 对后续产品评分的影响

VARIABLES	(1) 控制模型		(2) 完整模型		(3) 匹配后模型	
AfterTreat			-0.0566^{***}	(0.0137)	-0.0602^{***}	(0.0207)
Volume	-0.0002	(0.0001)	-0.0000	(0.0001)	-0.0002	(0.0002)
Valence	-0.1266^{***}	(0.0091)	-0.1128^{***}	(0.0062)	-0.1266^{***}	(0.0091)
Variance	0.0524^{***}	(0.0139)	0.0534^{***}	(0.0100)	0.0580^{***}	(0.0140)
TextLen	0.0009	(0.0006)	0.0011^{***}	(0.0003)	0.0009	(0.0006)
TitleLen	0.0096	(0.0062)	0.0092^{**}	(0.0043)	0.0096	(0.0062)
ReviewerExpe	0.1504^{***}	(0.0150)	0.1225^{***}	(0.0098)	0.1505^{***}	(0.0150)
样本数	79 396		190 145		79 396	
时间截距项	Y		Y		Y	
产品截距项	Y		Y		Y	
调整 R^2	0.126		0.120		0.126	

注:***、**、* 分别表示在 1%、5%、10% 水平下显著,括号中为标准差。

首先加入所有的控制变量来估计模型,结果如第(1)列所示。从结果可以观察到,在控制了时间固定效应后,以往评论数量对评分没有显著影响。社交影响的证据得到进一步证实,以往评论的平均评分对后续评分有负面影响,因此更多的正面评价导致后续更多的负面评价[141]。此外,以往评论的方差对评分有正向影响。以往文献给出的一种解释是,多样化的评论能够防止消费者被评论中潜在的偏见影响,并帮助消费者找到符合他们偏好的产品[152]。评论者经验变量的系数正向显著,表明有经验的评论者往往比没有经验的评论者给出更高的评分。

在控制变量之外,对完整模型进行估计并将结果总结在第(2)列。最关键的 DID 变量 $AfterTreat_{it}$ 的系数为负值且显著,即 CGI 导致产品评分下降 0.057 星(满分为 5 星)。接下来,我们使用匹配后的数据集进行模型估计,结果如第(3)列所示。关键变量 $AfterTreat_{it}$ 的系数仍然显著且为负,这意味着 CGI 会使产品评分下降 0.0602 星,相当于在平均产品评分为 4 星的情况下下降了 1.5%。以往的研究已经表明,在线产品评论评分对销售额的弹性为 0.417[194],这意味着评分下降 1% 可能会使销售额减少 0.417%。在本研究情境中,产品评分下降 1.5% 意味着销售额减少 0.63%,这对于线上的零售商家来说影响重大、不容低估。回到前面的理论假设,负向显著的主结果表明 CGI 的不确认效应对于后续消费者决策起到更大的作用,而不是其信息效应作用更大。

5.5 CGI 不同属性的异质性影响

上述研究结果显示,CGI 会导致后续产品评分降低。在本节中,我们进一步探讨可能影响 CGI 的信息效应和期望不确认效应相对强度的潜在因素。具体而言,我们选择了 CGI 的两个显著的视觉特征,即 CGI 的美学水平和评论者的面部披露,以及导致期望不确认的主要因素,即 CGI 的评论评分,以研究 CGI 的效应是否受到这些因素的调节。对于同一种产品来说,可能会在不同的时间出现多个 CGI,使得 CGI 的异质效应识别变得复杂。为了分离出 CGI 属性的效应,在有多个 CGI 产生的产品中,我们只保留在第二个 CGI 出现之前生成的评论。在这种情况下,CGI 异质性的识别效应仅来自第一个且唯一的 CGI。在 5.5.1 节中,我们首先描述如何获取 CGI 的美学水平并检测评论者的面部信息,然后讨论 CGI 属性和 CGI 数量的异质效应以及 CGI 对于其他产品类型的影响程度。

5.5.1 CGI 美学评估模型

在计算机视觉领域,有研究提出能够自动预测图像质量水平的模型[129,188-189]。在这些模型中,由谷歌研究团队[129]提出的基于神经网络的图像评估模型(NIMA)取得了较为突出的效果。它利用大规模标记后的数据集,分别从高层次审美水平和低层次技术水平的角度预测图像的质量,得到模型 NIMA-Aesthetic 和 NIMA-Technical。尽管其性能卓越,但上述模型是在专业摄影数据集上训练得到的,主要适用于预测专业摄影作品的美学水平,而本研究背景下的 CGI 是由业余消费者拍摄的,且购物场景下的图像评估标准与摄影比赛场景下的标准有显著不同,因此该模型不适用于本研究场景下 CGI 的美学评估。基于以上,我们开发了一个场景化的 CGI 美学水平评估模型,命名为 CGI-MobileNet,其框架如图 5.4 所示。

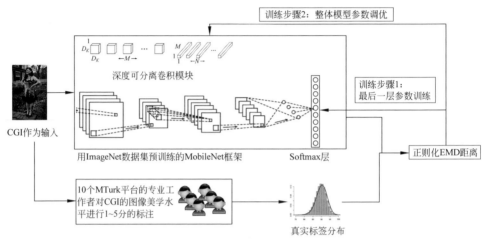

图 5.4   CGI 美学水平评估模型(CGI-MobileNet)

该 CGI 美学评估模型基于一个高效、轻量级的卷积神经网络架构——MobileNet[127]。MobileNet 是一种深度卷积神经网络,可以部署在移动应用和其他轻量级场景中,具有计算成本低及分类精度高的优势。在这种结构下,传统的密集卷积滤波器被深度级可分离卷积所取代。首先对输入的每个通道进行卷积(假设输入通道数为 M,内核大小为 $k \times k$,这一步的参数大小为 $M \times k \times k$),然后对 N 个输出通道中的每个通道进行 $1 \times 1 \times M$ 卷积(这一步的参数大小为 $1 \times 1 \times M \times N$)。这两步操作使得 CNN 模型更小更快,且性能不存在显著损失。这样,对于每一个深度可分离层,参数大小从 $M \times N \times k \times k$ 减小到 $M \times k \times k + 1 \times 1 \times M \times N$。最后一层用包含 5 个节点的 Softmax 层来代替,表示图像美学水平 1~5 分的概率分布。

在得到真实标签的概率分布和预测模型给出的概率分布后,模型的损失函数用推土机距离(Earth Mover's Distance,EMD)来衡量,该指标测量的是从一个累积分布到另一个累积分布所需移动的距离,具体表示为 $\mathrm{EMD}_i = \left(\dfrac{1}{N} \sum_{k=1}^{N} (\mathrm{CDF}_{\mathrm{GT}}(k) - \mathrm{CDF}_{\mathrm{PR}}(k))^2 \right)^{1/2}$。其中 N 代表类别的数量(在本研究中 N 取值为 5),$\mathrm{CDF}_{\mathrm{GT}}$ 和 $\mathrm{CDF}_{\mathrm{PR}}$ 分别表示真实标签和预测标签的累积分布函数。在训练过程中,先以较大的学习率训练最后一层 Softmax 层,对最后一层的参数初始化,同时保持其他层参数不变。然后在第二阶段,以较小的学习率对整个卷积网络模型进行微调直到模型收敛,并将模型保存,用于后续评估和预测。整个过程兼顾了深度神经网络提取视觉特征的能力,并融合了人工判断,为美学质量评估任务提供模型训练的标签数据。

考虑到训练集规模较小,我们使用预先训练好的模型对网络权值进行初始化,以避免产生过拟合现象。为了获得训练集的标签,我们在众包平台 Amazon Mechanical Turk 上做了一个实验,让平台的工作者判断图像的美学水平并对每个 CGI 进行评分,同时给出了明确的评分标准(综合考虑图像的清晰度、亮度、前景-背景关系、对比度、构图等要素)。图像打分取值范围为 $1\sim5$ 星。每幅图像都由 10 位女性专业工作者(master workers)进行评价。选择女性的原因是在我们的研究背景下,消费者全部是女性,而专业工作者的限制可以确保其在完成任务时的投入和认真程度。每幅图像可以得到一个打分的分布,删除不符合要求的标签后,便得到每个 CGI 的最终打分分布,作为模型训练和评估的真实标签。

在模型评估阶段,随机抽取 80% 的数据形成训练集,其余 20% 形成测试集。为了证明 CGI-MobileNet 的有效性,在测试集上评估我们提出的模型以及 Talebi 和 Milanfar[129] 提出的两个基准评估模型,即 NIMA-Aesthetic 和 NIMA-Technical。从表 5.4 的结果可以看出,与基准模型相比,CGI-MobileNet 具有更低的预测误差(平均绝对误差(MAE)和均方根误差(RMSE))和更高的性能。NIMA-Technical 略好于 NIMA-Aesthetic,而 NIMA-Aesthetic 表现最差。我们还计算了它们与真实标签的皮尔逊相关系数,来排除基准模型整体给分偏低的影响。结果表明,CGI-MobileNet 依然表现最佳,表现在其预测结果与真实结果的相关性最高。

表 5.4　图像美学水平预测模型的表现

模　　型	MAE	RMSE	皮尔逊相关系数
NIMA-Aesthetic	1.567	2.857	0.133
NIMA-Technical	1.104	1.555	0.328
CGI-MobileNet	0.424	0.298	0.563

表 5.5 给出了一些样本 CGI 的美学质量评价打分结果。从整体来看,NIMA-Technical 和 NIMA-Aesthetic 的评分要比真实标签低得多,这样的结果也在预料之中,因为这些模型都是在专业的摄影数据集上训练的,评估标准也更严格。此外,CGI-MobileNet 模型对产品信息明确的 CGI 打分要高于产品信息不明确的

CGI,这也更符合线上消费者的信息需求。NIMA-Technical 和 NIMA-Aesthetic 并没有考虑特定的线上购物场景,例如,尽管第三张 CGI 的亮度较低,前景-背景关系不清楚,但相比于其他图像,两种模型都给该图像打出较高分数。基于以上观察,从潜在买家的角度来看,比起基准模型,CGI-MobileNet 是一个更适合预测 CGI 美学质量水平的模型。

表 5.5　部分 CGI 样本的美学水平预测结果

CGI					
真实标签	4.444	4.000	3.400	3.100	2.753
NIMA-Aesthetic	1.899	2.247	2.373	1.515	1.794
NIMA-Technical	2.740	1.860	2.410	2.166	1.854
CGI-MobileNet	4.178	3.812	3.214	3.216	2.594

5.5.2　人脸检测

对于人脸检测任务,我们采用了基于多任务级联卷积神经网络(MTCNN)的人脸检测模型[195],从 CGI 中检测人脸是否存在。MTCNN 模型是由三个子网络构成的深度卷积神经网络。首先,通过快速提案网络(P-Net)生成人脸的候选窗口;其次,通过优化网络(R-Net)对多个候选区域进行细粒度的优化;最后,通过输出网络(O-Net)生成最终的人脸边界所处位置。MTCNN 模型在测试集的准确率可达到 95.4%。

在最终匹配后的样本中,40% 的 CGI 包含人脸信息。这与前面假设部分的陈述保持一致,即一定比例的 CGI 披露了评论者的个人信息,但出于隐私或其他方面的考虑,也有近一半的评论者隐藏了面部信息。

5.5.3　CGI 视觉属性的异质性影响

5.2 节假设了更高的美学水平既会提升消费者购买前的期望,又会降低信息不确定性,因此,其最终影响可能是不确定的。为了实证地考查这个问题,我们根据在 5.5.1 节中获得的 CGI 美学质量得分,将所有处理过的产品分成两组——高美学水平组和低美学水平组,并分别研究每组的效应。从表5.6的第(2)和(3)列的结果可以看出,在高美学水平组中,CGI的负面效应在1%的显著水平下是显著的,这表明不确认效应大于信息效应,因此高美学水平的CGI会因购买前引发的高期望水平而降低后续消费者的购后满意度。在低美学水平组中,CGI没有显著的效果。

表 5.6　CGI 美学水平和人脸信息披露的异质性影响

变量	(1)基准模型		(2)低美学水平		(3)高美学水平		(4)人脸披露	
AfterTreat	-0.0730^{***}	(0.0242)	-0.0496	(0.0348)	-0.1000^{***}	(0.0322)	-0.1024^{***}	(0.0256)
AfterTreat×Face							0.0685^{*}	(0.0360)
Volume	-0.0001	(0.0003)	-0.0001	(0.0003)	-0.0004	(0.0005)	-0.0001	(0.0002)
Valence	-0.1457^{***}	(0.0090)	-0.1438^{***}	(0.0122)	-0.1521^{***}	(0.0133)	-0.1459^{***}	(0.0092)
Variance	0.0915^{***}	(0.0144)	0.0685^{***}	(0.0189)	0.1275^{***}	(0.0224)	0.0921^{***}	(0.0121)
TextLen	0.0014^{**}	(0.0006)	0.0005	(0.0009)	0.0027^{***}	(0.0009)	0.0014^{**}	(0.0006)
TitleLen	0.0150^{**}	(0.0065)	0.0180^{**}	(0.0087)	0.0115	(0.0097)	0.0151^{**}	(0.0059)
ReviewerExpe	0.1432^{***}	(0.0191)	0.1622^{***}	(0.0245)	0.1173^{***}	(0.0300)	0.1432^{***}	(0.0178)
样本数	47 610		27 614		19 996		47 610	
时间截距项	Y		Y		Y		Y	
产品截距项	Y		Y		Y		Y	
调整 R^2	0.148		0.158		0.131		0.149	

注:***、**、*分别表示在1%、5%、10%水平下显著,括号中为标准差。

对于女装等产品,一些评论者选择在CGI中披露他们的个人信息(如面部身份),以进行自我展示或向他人提供信息[126,200]。在5.2节中,我们认为评论者个人信息的披露会带来积极效果,因为CGI中的身份披露为潜在买家提供了参考,以减少产品在适合度方面的不确定性。我们在主模型中添加了面部披露和DID估计量的交互项,以检验CGI中面部披露的影响,结果显示在表格第(4)列中。正如预期所示,面部披露对产品评分产生积极影响,验证了评论者个人信息披露在信息提供方面的作用。

5.5.4　CGI 评论者的主观性

下面进一步挖掘期望不确认效应的来源之一——CGI评论者主观性带来的干

扰作用。同样是基于双重差分模型,我们继续讨论 CGI 所在评论的不同打分带来的异质性影响。前面的理论假设部分论证了 CGI 虽然具有更高的可信度,但也可能存在一定的主观性,例如消费者对该产品非常满意时,倾向于发布图像,而这一点也在 CGI 评论的评分分布中有明显体现(图 5.2)。这些带有主观评价的图像可能会对后续消费者产生一定误导作用,让消费者没有对产品的整体评论形成客观的认识,对产品抱有过高的预期,导致购后满意度下降。

为了验证上述理论逻辑,将图像评论分为高评分组和低评分组,这里的评分指的是 CGI 所在的该条评论的打分,由于整体评论的均值为 4 分,因此把 5 分评论归类为高评分组,3 分及以下评论归类为低评分组。考虑到 CGI 的评分是从 1 分到 5 分的离散值,可能会存在非线性的影响,我们采用分组机制检验的方法,未将评分作为交叉项加入模型。

结果,研究发现,在控制了以往历史评分、评论顺序等其他因素并对产品进行倾向得分匹配之后,在高评分组,CGI 导致评分显著下降 0.15 个星级;在低评分组,CGI 没有显著负向影响。这进一步证明了高分带图评论的期望不确认作用。高分的 CGI 评论给后续消费者带来了更高的购前期望,而在体验该产品之后,消费者获知了产品的真实质量,较高的购前期望没有得到满足。在期望不确认效应下,后续消费者满意度下降。

从另一个角度来看,如果 CGI 的评分远高于特定产品的平均评分,那么负面效应将更加显著。为了验证这一论点,我们计算了 CGI 评论评分与产品质量之间的偏差(产品质量在平台上显示,根据平台使用的机器学习算法和历史评分的加权平均值计算),作为评论者主观性的另一度量,并检验了 CGI 评论者主观性对后续产品评分的调节效应。模型设定和结果显示在式(5-2)和表 5.7 的第(4)列中。与前面结果一致,偏差越大(意味着 CGI 评分远高于产品质量),CGI 的负面效应就越显著。

$$Rating_{ijt} = \beta_1 \cdot AfterTreat_{it} + \delta \cdot AfterTreat_{it} \cdot RatingDeviation_i$$
$$+ Controls_{it} + T_t + \alpha_i + \epsilon_{ijt} \tag{5-2}$$

表 5.7 CGI 评论打分的异质性影响

VARIABLES	(1) 整体模型		(2) 低评分组		(3) 高评分组		(4) 评分偏差	
AfterTreat	−0.0730***	(0.0242)	0.0738	(0.0553)	−0.1545***	(0.0318)	−0.0554**	(0.0241)
AfterTreat× Deviation							−0.0551***	(0.0192)

续表

VARIABLES	(1) 整体模型		(2) 低评分组		(3) 高评分组		(4) 评分偏差	
Volume	−0.0001	(0.0003)	−0.0007*	(0.0004)	0.0006	(0.0005)	−0.0002	(0.0003)
Valence	−0.1457***	(0.0090)	−0.1767***	(0.0226)	−0.1347***	(0.0111)	−0.1445***	(0.0090)
Variance	0.0915***	(0.0144)	0.0064	(0.0347)	0.1448***	(0.0178)	0.0916***	(0.0145)
TextLen	0.0014**	(0.0006)	0.0021	(0.0015)	0.0009	(0.0007)	0.0014**	(0.0006)
TitleLen	0.0150**	(0.0065)	0.0190	(0.0146)	0.0126	(0.0082)	0.0142**	(0.0065)
ReviewerExpe	0.1432***	(0.0191)	0.2074***	(0.0437)	0.1222***	(0.0242)	0.1434***	(0.0191)
样本数量	47 610		9612		27 920		47 610	
时间截距项	Y		Y		Y		Y	
产品截距项	Y		Y		Y		Y	
调整 R^2	0.148		0.175		0.142		0.148	

注：***、**、* 分别表示在 1%、5%、10% 水平下显著，括号中为标准差。

上述发现表明，高评分的 CGI 存在期望不确认的现象。这些打分 5 星的 CGI 会在后续消费者中产生较高的购前期望，然而在消费者体验产品之后，这些高期望可能无法得到满足。由于期望不确认，后续评分和满意度会下降。通过分析 CGI 的异质效应，我们为潜在的理论机制提供了新的证据。在 5.7 节呈现的用户实验结果将进一步提供关于该理论影响机制的直接证据。

5.5.5 不同数量 CGI 的影响

在本节中，我们进一步研究 CGI 数量对后续评分影响的调节效应。根据以往文献[201-202]，我们在模型设定中添加了 DID 变量和 CGI 数量的交互项，如式(5-3)所示，其中 $CGICount_{it}$ 表示产品 i 在时刻 t 已经出现的 CGI 数量。

$$Rating_{ijt} = \beta_1 \cdot AfterTreat_{it} + \gamma \cdot AfterTreat_{it} \cdot CGICount_{it}$$
$$+ Controls_{it} + T_t + \alpha_i + \epsilon_{ijt} \tag{5-3}$$

表 5.8 第(2)列中的结果显示，交互项的系数在边际显著水平上是负的，这意味着更多的 CGI 对后续评分产生更为负面的影响，原因可能是更多的 CGI 会加剧期望偏差水平，而更多 CGI 提供的额外信息并不显著，因此导致评分进一步下降。

表 5.8　CGI 数量的异质性影响

变　　量	（1）基准模型		（2）CGI 数量	
AfterTreat	-0.0602^{***}	(0.0207)	-0.0616^{***}	(0.0201)
AfterTreat× CGI Count			-0.0050^{*}	(0.0030)
Volume	-0.0002	(0.0002)	0.0000	(0.0002)
Valence	-0.1266^{***}	(0.0091)	-0.1272^{***}	(0.0092)
Variance	0.0580^{***}	(0.0140)	0.0573^{***}	(0.0140)
TextLen	0.0009	(0.0006)	0.0010^{*}	(0.0006)
TitleLen	0.0096	(0.0062)	0.0095	(0.0062)
ReviewerExpe	0.1505^{***}	(0.0150)	0.1503^{***}	(0.0150)
样本数量	79 396		79 396	
时间截距项	Y		Y	
产品截距项	Y		Y	
调整 R^2	0.126		0.126	

注：***、**、* 分别表示在 1%、5%、10% 水平下显著，括号中为标准差。

5.5.6　CGI 对搜索型产品的影响

在前面分析中,我们选择了女装作为主要研究的产品类别,并讨论了 CGI 对后续消费者购后满意度的影响。在本节,我们将分析扩展到搜索型产品,从同一平台收集了数据,选择了一种典型的搜索型产品,即电子产品的数据线,它属于电子产品大类中的子类别。我们重新估计 DID 模型并进行异质性分析。同样地,在估计之前,我们进行了倾向得分匹配。匹配后,根据式(5-1)估计 CGI 的效果,估计结果显示在表 5.9 中。

像数据线这样的搜索型产品是相对标准化的产品,相关信息可以通过文本内容有效传达,消费者通常不会过多依赖于 CGI。因此,与女装等体验型产品相比,我们认为 CGI 的信息效应和不确认效应都较小。表 5.9 的第(1)列显示总体效应不显著,这一点确实与女装类产品的结果有所不同。我们将数据根据美学质量和 CGI 评论评分进一步分为不同的组别,结果显示,图像美学质量对这两个组都没有显著影响(第(2)和(3)列),这一结论也可以理解,因为人们通常不关心数据线相关图像的美学水平。在第(4)和(5)列中,结果显示,在高评分组中,CGI 的效应负向显著,这意味着由评论者主观性引起的期望不确认在不同产品类型中都相对稳健。

表 5.9　数据线产品的估计结果

变　量	图像美学			CGI 评论打分	
	（1） 基准	（2） 低美学水平	（3） 高美学水平	（4） 低评分	（5） 高评分
AfterTreat	−0.0995	−0.0275	−0.1601	0.1531	−0.2679**
	(0.0836)	(0.1252)	(0.1242)	(0.1314)	(0.1213)
Volume	−0.0029***	−0.0048**	−0.0046***	−0.0041***	−0.0033 *
	(0.0008)	(0.0023)	(0.0012)	(0.0015)	(0.0019)
Valence	−0.1549***	−0.1120**	−0.2097***	−0.2050***	−0.1335***
	(0.0277)	(0.0463)	(0.0394)	(0.0523)	(0.0380)
Variance	0.0063	−0.0071	0.0253	−0.0147	0.0341
	(0.0369)	(0.0520)	(0.0537)	(0.0662)	(0.0475)
TextLen	−0.0006	0.0001	−0.0022	−0.0001	0.0003
	(0.0017)	(0.0028)	(0.0026)	(0.0023)	(0.0030)
TitleLen	0.0941***	0.0705	0.1004***	0.0939**	0.0970***
	(0.0252)	(0.0447)	(0.0328)	(0.0408)	(0.0327)
ReviewerExpe	0.2856**	0.1636	0.4002**	0.1051	0.3676**
	(0.1291)	(0.1665)	(0.1930)	(0.2257)	(0.1727)
样本数量	6276	2935	2854	2739	3299
时间截距项	Y	Y	Y	Y	Y
产品截距项	Y	Y	Y	Y	Y
调整 R^2	0.144	0.137	0.142	0.180	0.0993

注:***、**、* 分别表示在 1%、5%、10% 水平下显著,括号中为标准差。

　　总结以上分析结果,对于搜索型产品,总体负面效应不显著。然而,由高评分 CGI 引发的期望不确认效应在不同的产品类别中都很稳健,这些结论丰富了我们对不同产品类型的 CGI 带来的复杂效应的理解。跨产品类别的结果使我们可以总结出以下结论:对于体验型产品来说,CGI 的负面效应更为显著,因为人们更依赖于 CGI,并更容易受其中嵌入的评论者主观评价的影响;而在购买搜索型产品时,人们通常不太关心 CGI 相关内容。

5.6   稳健性检验

5.6.1   考虑评论排序机制下首页 CGI 产生的影响

前面章节的系列分析假设消费者有相同的概率阅读所有的评论,但实际情况可能并非如此。一项调查显示,消费者平均会在阅读 10 条评论以后,开始对某个商家产生信任[1]。由于有限的注意力,消费者通常会选择阅读排在前面位置的评论,而忽略其余的评论[196]。本研究所基于的平台有一个特定的评论排序算法,根据算法,平台会选择部分评论,并将其放在前面位置。具体来说,在第一个评论页面,平台会动态选择 8 条评论展示给消费者。由于消费者无需进一步点击即可阅读这些评论,使得其阅读首页评论的概率会高于其他评论,因此本节旨在研究评论首页出现的 CGI 产生的影响。本节面临的挑战是数据集中只有某一特定时刻的评论排序结果,因此需要首先推断出平台的评论排序算法。

影响亚马逊平台评论排序的因素有很多,例如,评论时间、评论中是否有 CGI、评论长度、积极或消极情感等语言学特征。语言探索和词频统计(Language Inquiry and Word Count,LIWC)是一种文本挖掘工具,被广泛应用于社科领域的文本挖掘和文本内容分析[203]。我们使用 LIWC 从评论文本中提取文本特征,加上时间和图像等因素,累计 88 个特征。我们设计了一个基于成对学习的优化函数来估计平台的排序算法。优化目标如式(5-4)所示。

$$\max \mathscr{L} = \sum_{i=1}^{M} \sum_{j=1}^{N_i} \sum_{j'=1}^{N_i} \min((\beta X_{ij} - \beta X_{ij'}), 0) \tag{5-4}$$

式中,M 表示产品总数,N_i 表示产品 i 的评论数量。每个元组 (i, j, j') 代表产品的一个评论对,其中 j 和 j' 是两个不同的评论,并且 j 排在 j' 前面。βX_{ij} 是一个线性函数,表示一个带有特征值 X_{ij} 的评论的排序值,β 表示各个特征 X_{ij} 的重要程度。min 操作的含义是,当 $\beta X_{ij} > \beta X_{ij'}$ 时,函数值为 0;否则,函数取值 $\beta X_{ij} - \beta X_{ij'}$,该操作的目的是对于 j 的排序值小于 j' 的情况做出惩罚。为了识别模型参数,将第一个特征的系数固定为 1。我们采用 Nelder-Mead 单纯形法求解目标函数的局部最优值,并使用回归模型的估计结果对系数进行初始化,不仅加快了模型收敛速度,也提升了模型的最终表现。整个数据集由 125 760 个元组组成,我们运用五折交叉验证方法证明所提出的预测算法的有效性。具体来说,在算法评估阶

---

[1]   消费者 2020 年评论调查:https://www.brightlocal.com/research/local-consumer-review-survey/。

段,对测试数据集中的一个元组 (i,j,j'),我们用得到的模型预测两个评论的排序,并将结果与真实的排序进行比较。准确率被定义为正确预测的元组占测试数据集中所有元组的比率。我们提出的算法的平均精度达到 90%,说明在 90% 的情况下都可以准确预测评论的相对排序。

基于上述方法估计出的平台排序算法,我们就可以重新排列所有评论。换句话说,我们知道在每个时间点 CGI 的位置,即它们是否出现在第一页的评论中。需要注意的是,该排序结果与评论出现时间无关,时间顺序上在后面出现的评论如果具有更高的排名值,很可能会出现在评论页面的首页。我们主要关注的是,出现在首页评论中的 CGI 是否对评分动态有类似的影响。模型主要变量 Top_AfterTreat 被加入模型中,与先前的模型设定不同,只有当首页评论中出现至少一个 CGI 时,Top_AfterTreat 才等于 1。从表 5.10 第(2)列的结果可以看出,这一影响仍然显著且为负,证明了 CGI 的负面效应的稳健性。通过以上分析,我们得出结论,无论它们出现在首页评论还是后续评论中,CGI 对后续评分的主要影响都是相似的。

表 5.10　首页评论出现的 CGI 对后续评分的影响

变　　量	(1) 基准模型		(2) 首页 CGI	
AfterTreat	-0.0602^{***}	(0.0207)		
Top_AfterTreat			-0.0523^{***}	(0.0160)
Volume	-0.0002	(0.0002)	-0.0002^{***}	(0.0001)
Valence	-0.1266^{***}	(0.0091)	-0.1267^{***}	(0.0089)
Variance	0.0580^{***}	(0.0140)	0.0571^{***}	(0.0112)
TextLen	0.0009	(0.0006)	0.0009^{*}	(0.0005)
TitleLen	0.0096	(0.0062)	0.0096^{*}	(0.0056)
ReviewerExpe	0.1505^{***}	(0.0150)	0.1504^{***}	(0.0136)
样本数量	79 396		79 396	
时间截距项	Y		Y	
产品截距项	Y		Y	
调整 R^2	0.126		0.126	

注:***、**、* 分别表示在 1%、5%、10% 水平下显著,括号中为标准差。

5.6.2　相对时间模型

双重差分模型的关键假设之一是平行趋势假设,也就是说,在被处理之前,实验组中的产品评分趋势应该与对照组类似。遵循现有文献[121],我们采用了相对时间模型来测试平行趋势假设。除了 DID 估计量外,还添加了一系列时间虚拟变量($\mathrm{Pre}_{it}(j),\mathrm{Post}_{it}(k)$),表示观测时间与发布 CGI 的时间之间的相对间隔,模型如式(5-5)所示。

$$\mathrm{Rating}_{ijt} = \sum_j \gamma_j (\mathrm{Pre}_{it}(j) \cdot \mathrm{Treat}_i) + \sum_k \lambda_k (\mathrm{Post}_{it}(k) \cdot \mathrm{Treat}_i)$$
$$+ \mathrm{Controls}_{it} + T_t + \alpha_i + \epsilon_{ijt} \tag{5-5}$$

新增的变量 $\mathrm{Pre}_{it}(j)$ 是一个布尔型变量,如果评论生成月份 t 早于处理月份 j 个月,则 $\mathrm{Pre}_{it}(j)$ 等于 1。例如,$\mathrm{Pre}_{it}(1)=1$ 表示评论是在处理前 1 个月生成的,$\mathrm{Pre}_{it}(5)=1$ 表示评论是在处理前 5 个月生成的。类似地,$\mathrm{Post}_{it}(k)$ 是一个指示变量,如果一个评论在处理后 k 个月发布,则等于 1。$\mathrm{Post}_{it}(1)=1$ 表示评论在处理发生后一个月生成,$\mathrm{Post}_{it}(5)=1$ 表示评论在处理后 5 个月生成。与以往文献[197]一致,我们将所有在处理前 1~6 个月的时间段合并成一个虚拟变量 $\mathrm{Pre}_{it}(6)$,并将所有处理发生后 1~6 个月的时间段合并成一个虚拟变量 $\mathrm{Post}_{it}(6)$。因此,$\gamma_j(j=1,2,3,\cdots,6)$ 度量了 CGI 效应在处理发生前的趋势,而 $\lambda_k(k=1,2,3,\cdots,6)$ 度量了在处理发生后 CGI 对后续评分的影响。为防止共线性,$\mathrm{Pre}_{it}(1)$ 的系数被标准化为零。为了简化表示,$\mathrm{Controls}_{it}$ 代表式(5-1)中讨论的所有控制变量。

估计结果显示在表 5.11 的第(1)列中,正如预期所示,处理前变量的系数与零没有显著不同,从而验证了平行趋势假设。处理后,负面效应在前几个月最为显著,系数总体上呈现增长的趋势;负面影响在 4 个月后变得较小且不显著。图 5.5 绘制了 CGI 对后续产品评论打分影响随时间变化的动态效应,并标注了 95% 的置信区间。

表 5.11　稳健性检验

变量	(1) 相对时间		(2) 不可观测变量	(3) 滞后效应	(4) 有序 Logit	(5) PSW	(6) 线性趋势	(7) 非线性趋势
Pre1	(Omitted)							
Pre2	−0.0442	(0.0418)						
Pre3	−0.0118	(0.0414)						
Pre4	−0.0061	(0.0457)						

续表

变量	(1) 相对时间		(2) 不可观测变量	(3) 滞后效应	(4) 有序 Logit	(5) PSW	(6) 线性趋势	(7) 非线性趋势
Pre5	−0.0543	(0.0457)						
Pre6	0.0138	(0.0471)						
Post1	−0.1134**	(0.0489)						
Post2	−0.0755	(0.0470)						
Post3	−0.0581	(0.0530)						
Post4	−0.1174**	(0.0595)						
Post5	0.0051	(0.0674)						
Post6	−0.0344	(0.0592)						
AfterTreat			−0.0536***		−0.0620***	−0.0369**	−0.0789***	−0.0753***
			(0.0163)		(0.0248)	(0.0176)	(0.0247)	(0.0235)
Lag5_Treat				−0.0596***				
				(0.0201)				
样本数量	47 610		119 761	79 396	79 396	126 619	79 396	79 396
控制变量	Y		Y	Y	Y	Y	Y	Y
时间截距项	Y		Y	Y	Y	Y	Y	Y
产品截距项	Y		Y	Y	Y	Y	Y	Y
时间趋势	N		N	N	N	N	Linear	Linear +Nonlinear
调整 R^2	0.128		0.109	0.128	.	0.120	0.137	0.141

注：***、**、* 分别表示在 1%、5%、10% 水平下显著，括号中为标准差。

5.6.3 其他稳健性检验

除了在匹配过程中考虑的协变量外，可能还存在一些未观察到的变量影响一个产品是被分配在实验组还是控制组[121]。我们进一步利用了处理时间的异质性，研究了所有实验组产品中 CGI 带来的影响，以更好地解决由未观测到的因素引起的选择偏差问题。具体来说，有些产品在第一个月受到处理(在第一个月收到第一个也是唯一的 CGI)，并且在以后仍然保持受处理的状态，而其他产品在以后的几个月内受到处理。早期受处理的产品组除了第一个月之外，在整个数据观察期内

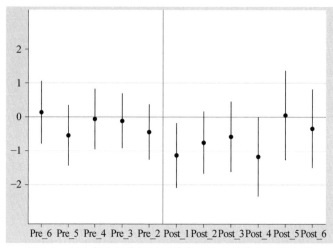

图 5.5　CGI 在处理前后对后续产品评论打分的动态影响

一直维持受处理状态不变,因此可以作为对照组;而在第一个月之后受到处理的产品则可以作为实验组。在这种情况下,可以在忽略了所有实验组产品的第一个月评论的情况下,研究 CGI 的出现对后续评分的影响。基于这种方法得到的估计系数为 -0.054,与前述结果保持一致,如表 5.11 的第(2)列所示。

此外,由于在线购物通常需要几天才能将产品送达给消费者,因此在 CGI 发布之后出现的评论评分不一定意味着购买决策受到 CGI 的影响,因为购买行为可能在 CGI 发布之前就已经发生。因此,我们设定时间滞后期为 5 天,即只有在评论发布日期与 CGI 发布日期之间的间隔长于指定的滞后期时,才将评论视为受处理,表格第(3)列结果保持稳健且为负(7 天滞后和 9 天滞后的结果相似)。

此外,由于因变量在 5 星的尺度上变化,并且只能取整数值,因此我们进一步考虑了一个有序 Logit 模型(表 5.9 第(4)列)。我们假设评论者对产品有一个潜在的评估打分,并且潜在评估打分与星级评分之间存在映射关系。我们根据估计的系数计算 CGI 的边际效应。具体来说,CGI 的出现使 1 星、2 星、3 星和 4 星评分的可能性分别增加 0.81%、0.49%、0.56% 和 0.32%,并使 5 星评分的可能性减少 2.19%,这相当于产品评分整体降低了 0.062 星。这也与先前的估计结果一致。更进一步,在第(5)列中,我们使用倾向得分加权方法来确保处理组和对照组是平衡的,即使用倾向得分函数估计每条评论接受处理的概率,并根据倾向得分生成权重。然后进行加权 DID 估计,结果显示出相似的一致性。我们进一步考虑每种产品的时间趋势都有所不同这一可能性,并且时间趋势可能是线性或非线性的[204]。模型设定如式(5-6)所示,其中 λ_i 和 δ_i 捕捉了产品 i 的线性和非线性时间趋势的影响，结果依然负向显著，如表 5.11 的第（6）和（7）列所示。

$$Rating_{ijt} = \beta_1 \cdot AfterTreat_{it} + Controls_{it} + \lambda_i t + \delta_i t^2 + \alpha_i + T_t + \epsilon_{ijt} \qquad (5\text{-}6)$$

5.7 用户实验

以上分析结果显示，CGI 对后续产品评分产生了显著影响，特别是对于体验型产品。为了进一步验证关于其在期望不确认和降低不确定性方面的潜在机制，我们进行了一项随机实验。具体而言，本实验旨在研究 CGI 是否通过影响用户对产品的购前期望进而带来期望不确认效应，以及 CGI 是否通过降低用户感知的产品不确定性来产生信息效应。此外，通过参与者对产品的真实体验，可以准确地测量不同条件下的期望不确认程度。

5.7.1 实验设计

我们设计了一个实验室实验，研究消费者在不同 CGI 条件下的感知变量。我们模拟了一个在线购物环境，在该环境中，潜在的买家阅读产品评论信息，汇报他们对产品的态度，并亲自体验产品。我们购买了某一特定款式的女性裙装，并从国内一所大学招募了女性参与者参加实验。具体来说，实验分为两个阶段。在第一阶段，我们采用了 2（是否存在 CGI）×2（评论极性）的组间实验设计。我们控制了产品评论是否包含 CGI，并将评论极性设定为 1 星或 5 星评论，分别表示高评分和低评分。不同组展示的相关信息见图 5.6。参与者被随机分配到不同的组，并根据所在的组接受不同的信息，阅读信息之后还需要回答关于对产品的期望和感知不确定性程度的问题。在第二阶段，即 3 天后，参与者被邀请来实验室试穿服装。所有的衣服款式都相同，考虑到参与者身材不同，我们提供了不同的服装尺寸。为了确保尽最大可能模拟在线购物环境，第二阶段参与者试穿的衣服与第一阶段评论内容中显示的产品完全相同。在体验完产品后，参与者被要求完成第二份调查问卷，报告他们在体验产品后感知的产品质量。参考以往文献[205-206]，我们通过感知质量和购前期望之间的差异来测量期望不确认程度。

除了以上实验设计，我们还构建了另一组对照实验（第五组）来研究图像美学水平的影响，并保持其他实验条件不变。具体而言，我们降低了图像的亮度并调整了图像的构图（前景和背景的比例），而不影响 CGI 中对核心产品内容的表达，以创建低美学水平组；同时将原始 CGI 所在组视为高美学水平组。

在这个实验中，我们测量了三个主要构念，分别是期望、产品不确定性和感知产品质量。参考以往文献[207-208]，这些构念的测量方法见表 5.12。所有项目都使用

(a) 高评分无图组　　　　　　　　　　　　　(b) 低评分无图组

(c) 高评分有图组　　　　　　　　　　　　　(d) 低评分有图组

图 5.6　采用 2×2 的组间实验设计,不同组展示的相关信息

七分李克特量表,选项范围从"非常不同意"到"非常同意"。为了确保答案的质量,我们设置了操纵检查相关问题,并限制参与者为女性,因为所体验产品针对女性群体。实验累计收集了 134 份有效回答,不同组的用户人口统计学信息分布见表 5.13。

表 5.12　构念量表

购前期望[207]

　　我对这个产品的质量有很高的期望。
　　我如果买这个产品,预计此次购买不会出问题。
　　我预期会把这个产品推荐给我的朋友。
　　我预期这个产品很符合我的需要。

产品不确定性[208]

　　我确信已经完全理解了我所需要了解的关于这个产品的一切。
　　我确信该产品的性能表现将与我预期的一样。
　　这条产品评论为我提供了足够的信息来充分评估该产品。
　　我觉得购买这个产品几乎不涉及产品实际质量的不确定性。

感知质量[205]

　　这个产品的质量非常高。
　　购买此产品绝对不是一个错误的选择。
　　我非常愿意把这个产品推荐给我的朋友。
　　这个产品非常符合我的需要。

续表

操纵检查
　评分操纵
　　该条评论具有较高的评分。
　　在该条评论中,评论者似乎对产品很满意。
　美学水平操纵
　　该条评论中买家秀的图片质量较高。
　　该条评论中买家秀的美学水平较高。

表 5.13　用户人口统计学信息

组　　　别		组 1	组 2	组 3	组 4	组 5
年龄	18 岁以下	0	0	0	0	0
	18～20	1	1	3	0	5
	21～23	12	9	8	9	9
	24～26	8	6	7	6	7
	27～29	9	9	6	10	3
	30 岁以上	1	1	1	2	1
受教育程度	本科在读	9	8	9	3	15
	硕士在读	2	3	2	6	0
	博士在读	20	15	13	18	10
	已毕业	0	0	1	0	0
购物频率	从不	0	0	0	0	1
	偶尔	4	4	2	2	3
	有时	7	8	7	8	6
	经常	15	10	12	11	14
	总是	5	4	4	6	1

5.7.2　信度、效度与操纵检查

　　为确保构念的测量有效性,我们进行了多项测试。表 5.14 显示了 Cronbach's alpha 和复合信度,表明信度良好。验证性因子分析显示,每个题项在其对应构念上的负荷要远高于在其他构念上的负荷,表明其具有良好的收敛效度和区分效度。

此外,三个构念的平均提取方差(AVE)均在 0.5 以上,且每个构念的 AVE 的平方根高于与其他潜在变量的相关性,表明每个构念解释的方差大于测量误差的方差,再次证明了区分效度[209]。

为确保实验设计的有效性,我们进行了操纵检查。首先,通过两个问题询问产品评论中的评论者是否对产品感到满意,测试对 CGI 评论评分的操纵是否成功。两组之间存在显著差异(高评分组平均值$=6.32$,低评分组平均值$=1.32$,$t=28.62$,$p<0.0001$)。其次,我们也证实了对于图像美学水平操纵的有效性(高美学水平组平均值$=4.90$,低美学水平组平均值$=4.06$,$t=2.63$,$p<0.01$),相关的操纵检查问题见表 5.12。

表 5.14 信度、效度检验结果

	Cronbach's alpha	复合信度	平均提取方差（AVE）	因子相关性		
				购前期望	感知产品质量	感知不确定性
购前期望	0.914	0.939	0.793	0.890		
感知产品质量	0.871	0.908	0.711	0.144	0.843	
感知不确定性	0.771	0.849	0.585	0.320	0.210	0.765

5.7.3 实验结果

如 5.2 节所阐述,为了验证期望不确认效应的存在,CGI 组的消费者在购买前期望与无 CGI 组相比应有显著不同。同样,为了验证信息效应的存在,在有 CGI 的情况下感知的产品不确定性应显著更低。此外,通过比较感知质量和购前期望,可以得出期望不确认的水平。如前所述,期望不确认的主要来源之一是 CGI 评论评分所反映的评论者主观性。因此,本节将分别讨论高评分组和低评分组的购前期望和感知产品不确定性的水平。

首先要研究的问题是与无 CGI 组相比,CGI 组的购前期望水平如何变化。图 5.7 中 t 检验结果显示,在高评分组中,与没有 CGI 的组相比,CGI 的出现会显著提升购前期望($m_{no}=3.65$,$m_{CGI}=4.37$,$p=0.0004$),图 5.7 还标识了每组均值的 95% 置信区间。这些结果验证了 CGI 会提升人们的购前期望。对于低评分组,结果是相反的,即,具有 CGI 的评论与没有 CGI 的组相比会降低人们的期望,($m_{no}=2.76$,$m_{CGI}=2.48$,$p>0.1$),然而差异不显著。这些结果再次验证了我们的理论假设,即,由于 CGI 评论者的主观性评价,CGI 会使人们的期望向上或向下调整。

由于采纳了两阶段的实验设计,我们可以在被试体验产品后评估他们的态度。

具体而言,在高评分组中,CGI 组的被试购前期望显著高于感知产品质量,因此导致了显著的负向不确认($m_{CGI} = -0.45$)。而对于无 CGI 组,存在正面的期望不确认($m_{No\_CGI} = 0.36$),即感知质量超过了购前期望。CGI 组和无 CGI 组之间在期望不确认水平方面具有显著差异($m_{No\_CGI} = 0.36$, $m_{CGI} = -0.45$, $p = 0.021$)。在低评分组中,CGI 组和无 CGI 组都显示出正向的期望不确认,即感知产品质量超过了购前期望水平,然而它们之间的差异不显著($m_{No\_CGI} = 0.76$, $m_{CGI} = 1.33$, $p > 0.1$),如图 5.8 所示。这进一步证实了在高评分组中由 CGI 引起的高期望水平会导致期望膨胀,随后产生负向期望不确认。

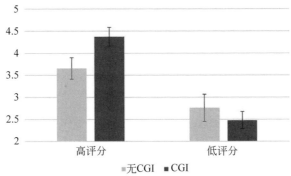

图 5.7　不同组别的购前期望水平

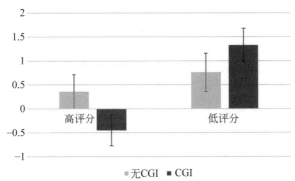

图 5.8　不同组别的期望不确认程度

第二个要研究的问题是消费者在不同的 CGI 和评分条件下如何感知产品的不确定性。图 5.9 中的结果显示,在高评分组中,与无 CGI 组相比,CGI 组没有显著变化($m_{No\_CGI} = 4.84$, $m_{CGI} = 4.51$, $p > 0.1$)。然而,在低评分组中,两个组的差异显著($m_{No\_CGI} = 5.45$, $m_{CGI} = 4.99$, $p = 0.047$)。换句话说,只有在 CGI 评分较低时,CGI 才展现出其信息效应。关于购前期望、感知不确定性、感知质量和期望不确认

水平的 t 检验结果也显示在表 5.15 中。

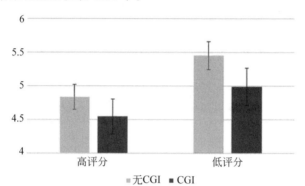

图 5.9　不同组别的感知产品不确定性水平

表 5.15　不同组别的 t 检验结果

	高评分组				低评分组			
	CGI	无 CGI	t 值	p 值	CGI	无 CGI	t 值	p 值
购前期望	4.37	3.65	2.77	0.004	2.48	2.76	-0.98	0.166
感知不确定性	4.51	4.84	-1.28	0.102	4.99	5.45	-1.71	0.047
感知质量	3.92	4.01	-0.26	0.396	3.81	3.52	0.77	0.223
期望不确认	-0.45	0.36	-2.09	0.021	1.33	0.76	1.30	0.100

接下来,本实验设计还允许我们研究不同美学水平下的信息效应和不确认效应。在高评分组中,高美学水平组的购前期望比低美学水平组更高($m_{\text{high\_aes}} = 4.37, m_{\text{low\_aes}} = 3.81, p = 0.015$),验证了高美学水平显著提升了消费者的购前期望的假设。然而,两组在期望不确认水平上的差异并不显著($m_{\text{high\_aes}} = 0.45, m_{\text{low\_aes}} = 0.23, p > 0.1$)。在感知产品不确定性方面,高美学水平组和低美学水平组之间没有显著差异($m_{\text{high\_aes}} = 4.55, m_{\text{low\_aes}} = 4.82, p > 0.1$),证明了美学水平对产品不确定性降低所发挥的作用有限。

总体来说,以上结果表明,在高评分组中,不确认效应比信息效应起到了更突出的作用。以往文献已经证实期望不确认与满意度水平之间的负相关关系[183,210],这解释了由于 CGI 带来的期望不确认效应而导致高评分组后续满意度下降的现象。根据我们的观察数据(图 5.2),大多数 CGI 评论都具有高评分,导致了这些产品带来的总体期望水平高于没有 CGI 发布的产品。当较高的期望没有得到满足时,会发生不满意的购物体验,从而解释了实验的主结果,即 CGI 对后续产品评分具有负面影响。

5.8　本章小结

在线评论系统对消费者网上购物决策有重要的影响,而评论系统中的用户生成内容包括评论打分、评论文本和图像内容等,构成了一个多模态的数据环境。对于消费者生成图像这一类内容,少数研究工作通过小样本数据论证了消费者生成图像在提升说服力与产品可信度方面的优势[132,178],却较少关注其对其他消费者购后满意度的影响。基于以上考虑,本章主要关注消费者产生的图像及其对后续产品评分的影响。本章用严谨的计量模型,结合计算机视觉和机器学习领域相关进展,进行了一系列深入和广泛的研究探索。本章的主要结论是,CGI 会导致后续产品评分的下降。我们认为,这种负面效应是期望不确认效应的影响超过信息效应的结果。CGI 作为一种文本替代形式,其在降低产品不确定性方面的作用体现得不够明显,而 CGI 评论者的主观性带来的期望不确认效应则影响显著。对 CGI 视觉属性的异质效应的详细分析进一步强化了这一解释。研究发现,评论者个人披露在一定程度上能够减轻该负向影响,而高美学水平的 CGI 则由于带来过高的购前期望而加剧了这一负向影响,并且高评分的 CGI 产生的不确认效应显著强于低评分的 CGI。在稳健性分析部分,本研究考虑了平台的评论排序算法的影响,并在只考虑首页评论出现的 CGI 的情况下得到了较为一致的结果。这些发现具有一定创新性和启发性,不同于以往研究的结论,如 UGC 具有积极的影响(如促进销售[199]、增加信任[179]等),也不同于以往主要阐释图像的积极作用的研究[117,120-121]。相反,我们从对消费者购后满意度影响的角度,论证了 CGI 的特殊性导致消费者购买产品前形成较高的不理性期望,反而降低了消费者的购后满意度。

从理论上讲,本章丰富了对一种新的用户生成内容的潜在价值和影响的讨论,即消费者生成图像(CGI)。通过研究产品评论中视觉元素的效果,我们加深了对视觉内容复杂影响的理解。此外,本章还借鉴了期望确认理论、图像以及用户信任等相关文献的理论支持,从信息提供和认知干扰的角度阐述了 CGI 的作用,进一步通过异质性影响分析提供了实证证据。最后,本章对评论领域研究有所贡献,识别出了一个可能影响评分动态的新的因素。

从实践角度讲,CGI 是一把双刃剑。虽然 CGI 通常是一种有效的促销工具,可以说服消费者购买产品,但也可能引发不满意的购买体验。平台或在线零售商在把 CGI 放在醒目位置时应保持谨慎,因为它们可能会导致未来的产品评分下降,伤害与消费者建立的长期关系,并且损害品牌声誉。尽管 CGI 有不利的一面,但平台可以采取一些切实可行的措施来减轻或消除这种负面影响。正如上述研究结果所示,时间和内容都很重要。早期产生的 CGI 的负面效应随着新评论的出现逐渐消失,因此消费者应该对新发布的 CGI 更加谨慎。关于 CGI 的内容,平台应该鼓励消费者发布具有较少主观性和更多实用性的 CGI,因为这些 CGI 真正有益于潜在的买家,而不仅会吸引更多购买行为。此外,平台可以考虑制定更好的隐私保护政策,以减轻评论者对隐私的担忧,并为评论者在平台上披露个人信息(如面部照片)提供更多的激励。最后,由于 CGI 的效果取决于特定的产品类型,可以采取个性化的措施来最大化不同产品 CGI 的价值。

第**6**章 结　　语

本书从多个角度论证了多模态数据在管理决策支持和价值发现方面的重要作用。首先,本书提出了同时考虑图像和文本内容的推荐系统,对消费者面对不同类型信息的认知处理和决策过程进行建模,提供了更加符合个性化偏好的购买建议;其次,本书考虑用户在交友平台上发布的文本内容及体现的个性化风格,对两阶段的双边匹配进行过程建模,综合用户结构化属性和隐性个人特质提供交友推荐;最后,本书提出,评论中的消费者生成图像对消费者购买决策过程带来的期望不确认作用超过图像带来的信息作用,可能会对平台和商家的后续总体评分产生不利影响。

6.1　内容总结

本书主要探索在大数据驱动的管理决策情景下,借助深度学习与人工智能的前沿进展,如何能够更好地将多模态数据应用于推荐和电商评论系统中,辅助推荐算法的设计,并挖掘其管理价值。本书的研究处于管理学、计算机科学的交叉领域,以技术和数据驱动的视角关注用户心理学和感知相关变量的特征挖掘,如认知风格、自我呈现风格、图像美学水平等,并证实其在模型效果方面起到的关键作用,同时进一步丰富扩展了相关理论。研究内容具体包括以下方面。

(1) 整合多源异构的多模态数据(产品描述、产品图像、用户评论),用于产品推荐。用户在浏览、购买产品的时候,往往会关注多个来源、多种形式的信息,基于用户的网上购物过程和决策要素,本书设计了一个端到端的基于深度神经网络的推荐模型,该模型由信息表示、认知层和信息整合三个子模块构成,结合图像和文本的不同特征,选择不同的自编码器结构对其进行结构表示;并且借鉴心理学领域的文字-图像维度这一认知风格维度,将用户对于多模态数据的个性化认知考虑到模型中。实验结果表明,本书提出的模型在多模态数据的表示学习、有效整合多源信息、克服冷启动问题以及引入用户个性化认知风格方面具有创新性优势。

(2) 考虑用户结构化属性和问答交互文本的两阶段双边推荐。在线交友场景下,用户不仅关注年龄、教育背景等结构化属性信息,也关注隐式信息,如用户发布文本中体现的个人特质。基于一个采用创新性问答机制的交友平台(用户之间通过出题-答题的形式形成好友关系),本书通过深度神经网络模型中的注意力机制对文本进行建模,将用户自我呈现风格及风格匹配度融入两阶段的交友匹配过程中。在第一阶段,发起者浏览其他用户的个人基本信息和问卷内容并发出请求;在第二阶段,接收者收到请求,浏览对方基本信息和答卷内容,并决定是否接受好友请求。系列实验结果表明,本书提出的模型相比于基准模型,在互注意力模块、自我呈现匹配度以及两阶段建模等创新点方面都体现出了一定优势,且本书提出的模型还具有高度的可扩展性,可以服务于不同的推荐目标,并能够保证在与基准模型相同的时间成本下给出更加优质的推荐内容。最后,对模型结果的可视化定性展示也再次证明了本书运用注意力机制进行用户个人风格挖掘的合理性。

(3) 消费者生成图像对于后续产品评分(消费者满意度)的影响。消费者生成图像虽然被以往文献证实能够提升评论有用性,并能够提升购买意愿,然而,其是否能够真正提升消费者的购后满意度还未能得到证实。本书从理论和实证的角度对这一问题给出回答。消费者生成图像一方面作为不同于文本的一种信息媒介,能够提供文本之外的更为丰富的信息,但另一方面,其本身较低的图像质量等可能会干扰消费者获取的信息质量。同时,消费者生成图像中包含评论者的主观情感,而图像评论传达的满意度水平并不能够代表产品的平均质量水平,导致后续消费者可能形成较高的非理性购前期望,进而对后续消费者满意度产生负向的影响。本书通过实证数据和双重差分模型,证实了消费者生成图像对后续产品评分的负向显著作用。在图像中展示评论者个人信息等方式,由于提高了信息的丰富程度,能够减轻甚至抵消这种负向影响。通过进一步检验机制,本书发现高评分图像产生的负向影响更为显著,也证实了由发布图像的评论者的主观性带来的过高的购前期望是导致评分下降的重要因素之一。本书还开展了一系列稳健性检验,包括考虑评论排序机制带来的影响,以及图像在不同产品品类下的影响等,均证明了前面得到的主要结论。研究为消费者生成图像的管理和激励政策提供了丰富的管理启示和借鉴意义。

6.2 本书创新点

本书具有以下创新点。

(1) 本书聚焦于电商购物和线上交友两个场景中的多模态数据环境,创新性地提出了两种新型推荐算法,取得了较好的推荐效果,并拓展了推荐算法领域研究的边界。在电商购物场景下,图像和文本信息对消费者决策具有重要作用,且二者具有较高的处理复杂度,在推荐算法中融合图像和文本两类复杂信息具有一定挑战。本书结合深度学习领域的进展,设计了基于深度神经网络的整合图文信息的个性化推荐算法,并考虑图像文本信息的表示学习以及交互作用,取得了良好的推荐效果。基于在线交友场景,用户的结构化信息属性和以文本内容为代表的非结构化数据对于用户的决策参考都有重要意义。本书基于深度神经网络中的注意力机制对文本进行建模并挖掘用户隐性个人特质,整合用户显性的结构化属性信息,分别对两阶段匹配过程中的双边用户偏好进行建模,提出了个性化的双边朋友推荐算法。以上算法不仅在数据对比试验中展现了更好的推荐效果,还通过可视化结果分析展示出了模型设计的合理性与可解释性,为后续基于多模态信息的算法设计和管理实践提供了创新性解决思路。

(2) 本书将心理学等领域的感知变量(认知风格、自我呈现风格、图像质量评价)与技术模型结合,进行理论增强的算法设计,加深对用户行为决策过程的理解和平台的个性化管理水平。在以往的研究中,认知风格等心理认知层面的变量往往需要通过访谈、调研等形式获取,在大数据的背景下,传统的研究方法具有一定局限性。本书创新地在个性化产品推荐中引入消费者认知风格来刻画其对于图像和文本的不同认知权重,并通过用户购买行为等反馈数据,以数据驱动的视角学习得到用户的个性化认知风格向量。在线上交友场景中,用户的自我呈现(self-presentation)或印象管理策略直接影响了其他用户的偏好形成过程。以往文献从定性的角度对自我呈现这一主题进行了广泛研究,并证明用户发布的文本内容能够体现其个人的自我呈现风格。本书基于自然语言处理领域的注意力机制模型,从用户问答交互文本中以数据驱动的方式提取用户个性化自我呈现风格,并将其纳入交友推荐的决策过程,从而提升了推荐的效果和可解释性。图像美学的评价是相对主观的任务,而对互联网产生的大规模图像数据进行逐一的人工质量判断耗时费力。借助计算机视觉领域的进展,本书通过卷积神经网络模型对消费者生成图像这一特殊的用户生成内容进行大规模、有效的美学水平评估,进一步验证消费者生成图像对后续评分产生影响的机制。以上研究也为传统心理学等领域中的感知变量的相关研究提供了新的技术视角。

（3）本书论证了消费者生成图像对后续评分产生的干扰作用和影响机制，丰富了与消费者生成图像这一视觉 UGC 相关的研究成果，并为平台对该类内容的管理和消费者决策提供启示。以往文献关于 UGC 的研究虽然比较充分，但对于消费者生成图像这一信息的理解还较为缺乏。本书从理论和实证的角度论证了 UGC 由于较低的美学水平而产生的有限信息作用，以及由于图像发布者的主观性评价而对消费者决策产生的干扰作用，这两种作用进而影响了后续产品评论的打分。异质性分析进一步验证了图像内容属性和评价主观性所产生的不同程度的信息作用和期望不确认作用。在管理启示方面，作为一种信息媒介，消费者生成图像有增加评论可信度以及吸引流量的作用，然而，对商家和平台来说，其对后续评分走向潜在的负面影响也不可忽视。对消费者来说，消费者生成图像固然有更高的可信度，但单一图像未必代表产品的平均质量水平，结合其他信息综合参考才能形成理性的购前预期。

（4）本书综合体现了多模态、多视角和多方法的交叉创新特点。本书聚焦于互联网平台上多模态数据环境（图像、文本、结构化数据）下的用户决策问题，以商家或平台的视角讨论如何设计更好的推荐系统，从而为用户提供个性化的精准推荐服务；以用户的视角研究其在购物和交友决策中的信息处理过程和满意度形成过程，从而能够让管理者更加有针对性地开展信息服务，更加科学地管理多模态数据带来的价值，进而创造双赢的局面。本书体现了方法交叉的特点，综合利用了计算机视觉、自然语言处理等计算机科学研究领域的前沿进展以及计量经济学领域的因果推断等研究方法，基于消费者的购物决策过程和线上交友的两阶段匹配过程，对信息管理领域的新兴管理决策问题从技术和行为的视角进行了系统化的研究，基于推荐算法设计领域的已有研究体系取得了一定的突破，并提升了对消费者生成图像的理论认识和理解深度，形成了多模态、多视角和多方法的交叉创新研究成果。

6.3　未来趋势

在多模态数据的视角下，未来与推荐系统和评论系统相关的研究探索工作具有以下方面的发展趋势。

（1）评论系统中的视频数据越来越普遍。相比于图像数据，它们提供了产品的动态展示效果，其角度和信息更加全面，信息含量可能会提升，而期望不确认效应也会因为其多媒体性质（包含图像和声音）而有所不同。因此，带有视频的评论对于后续打分的影响以及对于平台和商家的价值值得研究。未来研究可以基于当前深度学习领域针对视频大数据的最新模型,进一步解析视频内容,分析视频语义,挖掘其在评论以及其他不同场景下的管理价值与意义。

（2）本书在多模态数据融合的产品推荐算法中主要采用了深度卷积自编码器结构对图像和文本信息进行刻画。该结构是一种无监督的模型,不需要标签而可以自主学习得到输入数据的表示向量。在其他更大规模数据和用户的场景下,可考虑利用预训练大模型进行特征提取,如文本大模型 BERT 等[100]。该模型基于注意力机制并采用大量文本语料库数据进行训练,在一般性的文本挖掘任务评测方面具有较高的表现。结合该类预训练模型和少量微调对文本等内容进行特征提取,可以节约训练成本,并克服有监督的深度神经网络模型缺乏训练标签的难题。

（3）推荐系统的目标除了准确性之外,还要结合用户的个性化需求兼顾其他目标,例如,用户对于多样性和新颖性的偏好等。然而,受限于现实条件,目前多数算法的评测都是基于历史数据集进行线下评测,对于算法在实际场景中的表现的相关研究相对较少。现实生活中,很多经典推荐算法往往倾向于推荐热门或者头部产品,而对于多样化的关注度不够,导致用户陷入信息茧房或者产生不满体验。未来的研究需要学者和业界共同努力,从用户的个性化和场景化需求出发,探索多样化的模型评测指标和评测方法,研究推荐模型对于不同推荐目标的泛化能力以及在实际场景中的落地可行性。

（4）本书除了考虑多模态数据下的算法设计及行为影响之外,还重点研究了对用户决策过程的建模。例如,基于用户在购物或者交友场景中的信息处理和决策过程对各类信息要素进行表示学习进而发掘用户偏好,一定程度上提升了模型的可解释性。随着人工智能技术的不断演进,关于人工智能治理的问题也日渐引发关注,发展可信人工智能成为了全球共识,具体目标包括提升算法稳定性、算法可解释性、公平性和用户隐私保护等。未来在关注算法的开发、应用以及辅助人工进行决策的同时,还应更多地从可信角度出发,打开算法黑箱,在关注预测精度的同时关注决策因果,确保技术能够真正服务于管理决策。

总体而言,在大数据和人工智能深刻变革管理决策领域的背景下,平台、企业以及用户生成的海量多模态数据,具有广阔的研究拓展和价值发掘空间。希望本书能够对相关从业者、管理者以及研究者提供一定的方法和方向上的启迪,激励更多前沿成果的产出。

参考文献

［1］ 陈国青，张维，任之光，等. 大数据驱动的管理与决策前沿课题［J］. 管理科学学报，2023
（5）：4-22.

［2］ 陈国青，吴刚，顾远东，等. 管理决策情境下大数据驱动的研究和应用挑战：范式转变与
研究方向［J］. 管理科学学报，2018，21（7）：1-10.

［3］ 刘建伟，丁熙浩，罗雄麟. 多模态深度学习综述［J］. 计算机应用研究，2019，37（6）：
1602-1613.

［4］ CHEN P，LI Q，ZHANG D Z，et al. A survey of multimodal machine learning［J］. Chinese
Journal of Engineering，2020，42（5）：557-569.

［5］ DOMO. Data Never Sleeps 10.0［EB/OL］. ［2023-09-15］. https：//www.domo.com/ data-
never-sleeps＃data.

［6］ 张小龙. 微信十年的产品思考［EB/OL］. （2021-01-19）［2021-03-12］. https：//finance.sina.
com.cn/tech/2021-01-19/doc-ikftpnnx9427864.shtml.

［7］ 中国信息通信研究院. 人工智能产业白皮书［EB/OL］. （2022-04-12）［2023-09-15］. http：//
www.caict.ac.cn/kxyj/qwfb/bps/202204/P020220412613255124271.pdf.

［8］ RUSSELL S J，NORVIG P. 人工智能：一种现代的方法［M］. 殷建平，等译. 3 版. 北京：
清华大学出版社，2006.

［9］ KRIZHEVSKY A，SUTSKEVER I，HINTON G E. ImageNet classification with deep
convolutional neural networks［C］//Advances in Neural Information and Processing
Systems（NIPS）. San Diego：Neural Information Processing Systems Foundation（NIPS），
2012，60（6）：84-90.

［10］ HE K，ZHANG X，REN S，et al. Deep residual learning for image recognition［C］//
IEEE Conference on Computer Vision and Pattern Recognition（CVPR）. Boston：
Computer Vision Foundation，2016：770-778.

［11］ 前瞻产业研究院. 2020 年中国人工智能行业产业链现状及发展前景分析［EB/OL］. （2020-
07-09）［2021-03-12］. https：//bg.qianzhan.com/report/detail/300/200709-ce91a1ae.html.

［12］ 陈国青，曾大军，卫强，等. 大数据环境下的决策范式转变与使能创新［J］. 管理世界，
2020，36（2）：95-105.

［13］ SMITH B，LINDEN G. Two decades of recommender systems at amazon.com［J］. IEEE
Internet Computing，2017，21：12-18.

［14］ WEI Q，QIAO D，ZHANG J，et al. A novel bipartite graph based competitiveness degree
analysis from query logs［J］. ACM Transactions on Knowledge Discovery from Data，
2016，11（2）：1-25.

［15］ GUO X，WEI Q，CHEN G，et al. Extracting representative information on intraorganizational blogging platforms[J]. MIS Quarterly, 2017, 41(4): 1105-1127.

[16] ADOMAVICIUS G, TUZHILIN A. Toward the next generation of recommender systems: A survey of the state of the art and possible extensions[J]. IEEE Transactions on Knowledge and Data Engineering, 2005, 17(6): 734-749.

[17] HE R, MCAULEY J. VBPR: Visual Bayesian personalized ranking from implicit feedback[C]//Proceedings of the Thirtieth AAAI Conference on Artificial Intelligence. Palo Alto: AAAI Press, 2016: 144-150.

[18] MNIH A, SALAKHUTDINOV R R. Probabilistic matrix factorization[C]//Advances in Neural Information Processing Systems. San Diego: Neural Information Processing Systems Foundation (NIPS), 2007: 1257-1264.

[19] KOREN Y, BELL R, VOLINSKY C. Matrix factorization techniques for recommender systems[J]. Computer, 2009, 42(8): 30-37.

[20] RICCI F, ROKACH L, SHAPIRA B. Recommender systems handbook[M]. 2nd ed. Berlin: Springer, 2015.

[21] LIU J, WU C, LIU W. Bayesian probabilistic matrix factorization with social relations and item contents for recommendation[J]. Decision Support Systems, 2013, 55(3): 838-850.

[22] MA H, ZHOU T C, LYU M R, et al. Improving recommender systems by incorporating social contextual information[J]. ACM Transactions on Information Systems, 2011, 29(2): 1-23.

[23] SIERING M, DEOKAR A V, JANZE C. Disentangling consumer recommendations: Explaining and predicting airline recommendations based on online reviews[J]. Decision Support Systems, 2018, 107: 52-63.

[24] LIU H, HE J, WANG T, et al. Combining user preferences and user opinions for accurate recommendation[J]. Electronic Commerce Research and Applications, 2013, 12: 14-23.

[25] GOGNA A, MAJUMDAR A. Matrix completion incorporating auxiliary information for recommender system design[J]. Expert Systems with Applications, 2015, 42(14): 5789-5799.

[26] MCAULEY J, LESKOVEC J. Hidden factors and hidden topics[C]//Proceedings of the 7th ACM Conference on Recommender systems-RecSys'13. New York: Association for Computing Machinery, 2013: 165-172.

[27] WANG C, BLEI D M. Collaborative topic modeling for recommending scientific articles [C]//Proceedings of the 17th ACM SIGKDD International Conference on Knowledge Discovery and Data Mining-KDD'11. New York: Association for Computing Machinery, 2011: 448-456.

[28] RENDLE S, FREUDENTHALER C, GANTNER Z, et al. BPR: Bayesian personalized ranking from implicit feedback[C]//Proceedings of the 25th Conference on Uncertainty in Artificial Intelligence. Corvallis: AUAI Press, 2009: 452-461.

[29] ZHANG Y, AI Q, CHEN X, et al. Joint representation learning for top-N recommendation with heterogeneous information sources[C]//Proceedings of the 2017 ACM on Conference on Information and Knowledge Management-CIKM'17. New York: Association for Computing Machinery, 2017: 1449-1458.

[30] PAN W, CHEN L. GBPR: Group preference based bayesian personalized ranking for one-class collaborative filtering[C]//Proceedings of the 24th International Joint Conference on Artificial Intelligence. Palo Alto: AAAI Press, 2013: 2691-2697.

[31] CHENG C, YANG H, LYU M R, et al. Where you like to go next: Successive point-of-interest recommendation[C]//Proceedings of the 23rd International Joint Conference on Artificial Intelligence. Palo Alto: AAAI Press, 2012: 2605-2611.

[32] ZHANG S, YAO L. Deep learning based recommender system: A survey and new perspectives[J]. ACM Computing Surveys, 2019, 52(1): 1-38.

[33] CHENG H T, KOC L, HARMSEN J, et al. Wide & deep learning for recommender systems[C]//Proceedings of the 1st Workshop on Deep Learning for Recommender Systems. New York: Association for Computing Machinery, 2016: 7-10.

[34] ZHANG F, YUAN N J, LIAN D, et al. Collaborative knowledge base embedding for recommender systems [C]//Proceedings of the 22nd ACM SIGKDD International Conference on Knowledge Discovery and Data Mining. New York: Association for Computing Machinery, 2016: 353-362.

[35] TAY Y, TUAN L A, HUI S C. COUPLENET: Paying attention to couples with coupled attention for relationship recommendation[C]//12th International AAAI Conference on Web and Social Media. Palo Alto: Association for the Advancement of Artificial Intelligence, 2018: 415-424.

[36] FAN W, MA Y, LI Q, et al. Graph neural networks for social recommendation[C]// Proceedings of the World Wide Web Conference. New York: Association for Computing Machinery, 2019: 417-426.

[37] CASTELLS P, HURLEY N J, VARGAS S. Novelty and diversity in recommender systems [M]//2nd ed. Recommender Systems Handbook. Berlin: Springer, 2015: 881-918.

[38] YU F, LIU Q, WU S, et al. A dynamic recurrent model for next basket recommendation [C]//Proceedings of the 39th International ACM SIGIR Conference on Research and Development in Information Retrieval. New York: Association for Computing Machinery, 2016: 729-732.

[39] PALOMARES I, PORCEL C, PIZZATO L, et al. Reciprocal recommender systems: Analysis of state-of-art literature, challenges and opportunities towards social recommendation[J]. Information Fusion, 2021, 69: 103-127.

[40] BOUTEMEDJET S, ZIOU D. A graphical model for context-aware visual content recommendation[J]. IEEE Transactions on Multimedia, 2008, 10(1): 52-62.

[41] JIN X, LUO J, YU J, et al. Reinforced similarity integration in image-rich information networks[J]. IEEE Transactions on Knowledge and Data Engineering, 2013, 25(2): 448-460.

[42] ANH T, BAO P, KHANH T, THAO BN, et al. Video retrieval using histogram and sift combined with graph-based image segmentation[J]. Journal of Computer Science, 2012, 8(6): 853-858.

[43] LOWE D G. Object recognition from local scale-invariant features[C]//Proceedings of the IEEE International Conference on Computer Vision. New York: IEEE, 1999: 1150-1157.

[44] LU S, XIAO L, DING M. A video-based automated recommender (VAR) system for garments[J]. Marketing Science, 2016, 35(3): 484-510.

[45] WANG H, WANG N, YEUNG D-Y. Collaborative deep learning for recommender systems[C]//Proceedings of the 21st ACM SIGKDD International Conference on Knowledge Discovery and Data Mining. New York: Association for Computing Machinery, 2014: 1235-1244.

[46] WANG S, WANG Y, TANG J, et al. What your images reveal: exploiting visual contents for point-of-interest recommendation[C]//Proceedings of the 26th International Conference on World Wide Web. Geneva: International World Wide Web Conferences Steering Committee, 2017: 391-400.

[47] HE R, LIN C, WANG J, et al. Sherlock: Sparse hierarchical embeddings for visually-aware one-class collaborative filtering[C]//IJCAI International Joint Conference on Artificial Intelligence. Palo Alto: AAAI Press, 2016: 3740-3746.

[48] YIN H, WANG W, WANG H, et al. Spatial-aware hierarchical collaborative deep learning for POI recommendation[J]. IEEE Transactions on Knowledge and Data Engineering, 2017, 29(11): 2537-2551.

[49] LEI C, LIU D, LI W, et al. Comparative deep learning of hybrid representations for image recommendations[C]//Proceedings of the IEEE Conference on Computer Vision and Pattern Recognition. Boston: Computer Vision Foundation, 2016: 2545-2553.

[50] LIU Q, WU S, WANG L. DeepStyle: Learning user preferences for visual recommendation [C]//Proceedings of the 40th International ACM SIGIR Conference on Research and Development in Information. New York: Association for Computing Machinery, 2017: 841-844.

[51]　JIANG Z, BENBASAT I. Virtual product experience: Effects of visual and functional control of products on perceived diagnosticity and flow in electronic shopping[J]. Journal of Management Information Systems, 2004, 21(3): 111-147.

[52]　LIM K H, BENBASAT I, Ward L M. The role of multimedia in changing first impression bias[J]. Information Systems Research, 2000, 11(2): 115-136.

[53]　LIM K H, BENBASAT I. The effect of multimedia on perceived equivocality and perceived usefulness of information systems[J]. MIS Quarterly, 2000, 24(3): 449-471.

[54]　HE R, MCAULEY J. Ups and downs: Modeling the visual evolution of fashion trends with one-class collaborative filtering[C]//Proceedings of the 25th International Conference on World Wide Web. Geneva: International World Wide Web Conferences Steering Committee, 2016: 507-517.

[55]　JAGADEESH V, PIRAMUTHU R, BHARDWAJ A, et al. Large scale visual recommendations from street fashion images[C]//Proceedings of the ACM SIGKDD International Conference on Knowledge Discovery and Data Mining. New York: Association for Computing Machinery, 2014: 1925-1934.

[56]　HINTON G E, OSINDERO S, TEH Y W. A fast learning algorithm for deep belief nets[J]. Neural Computation, 2006, 18(7): 1527-1554.

[57]　SALAKHUTDINOV R, MNIH A, HINTON G. Restricted Boltzmann machines for collaborative filtering[C]//ACM International Conference Proceeding Series. New York: Association for Computing Machinery, 2007, 227: 791-798.

[58]　BENGIO Y, COURVILLE A, VINCENT P. Representation learning: A review and new perspectives[J]. IEEE Transactions on Pattern Analysis and Machine Intelligence, 2013, 35(8): 1798-1828.

[59]　STRUB F, MARY J. Collaborative filtering with stacked denoising autoencoders and sparse inputs[J]. Neural Information Processing Systems, 2015,12: 1-8.

[60]　LECUN Y A, BENGIO Y, HINTON G E. Deep learning[J]. Nature, 2015, 521(7553): 436-444.

[61]　MASCI J, MEIER U, CIREAN D, et al. Stacked convolutional auto-encoders for hierarchical feature extraction[C]//Artificial Neural Networks and Machine Learning. Berlin: Springer, 2011: 52-59.

[62]　XU L, JIANG C, REN Y, et al. Microblog dimensionality reduction-a deep learning approach[J]. IEEE Transactions on Knowledge and Data Engineering, 2016, 28(7): 1779-1789.

[63]　LIN K, YANG H F, LIU K H, et al. Rapid clothing retrieval via deep learning of binary codes and hierarchical search[C]//Proceedings of the 2015 ACM International Conference on Multimedia Retrieval. New York: Association for Computing Machinery, 2015:

499-502.

[64] DUAN K, PARIKH D, CRANDALL D, et al. Discovering localized attributes for fine-grained recognition [C]//Proceedings of the IEEE Computer Society Conference on Computer Vision and Pattern Recognition. Boston: Computer Vision Foundation, 2012: 3474-3481.

[65] ZHENG L, NOROOZI V, YU P S. Joint deep modeling of users and items using reviews for recommendation [C]//WSDM 2017-Proceedings of the 10th ACM International Conference on Web Search and Data Mining. New York: Association for Computing Machinery, 2017: 425-434.

[66] VAN DEN OORD A, DIELEMAN S, SCHRAUWEN B. Deep content-based music recommendation[C]//Advances in Neural Information Processing Systems. San Diego: Neural Information Processing Systems Foundation (NIPS), 2013: 1-9.

[67] WANG X, WANG Y. Improving content-based and hybrid music recommendation using deep learning[C]//MM 2014-Proceedings of the 2014 ACM Conference on Multimedia. New York: Association for Computing Machinery, 2014: 627-636.

[68] AKBARI M, HU X, WANG F, et al. Wellness representation of users in social media: Towards joint modelling of heterogeneity and temporality[J]. IEEE Transactions on Knowledge and Data Engineering, 2017, 29(10): 2360-2373.

[69] KOZHEVNIKOV M. Cognitive styles in the context of modern psychology: Toward an integrated framework of cognitive style[J]. Psychological Bulletin, 2007, 133 (3): 464-481.

[70] MESSICK S. The nature of cognitive styles: Problems and promise in educational practice[J]. Educational Psychologist, 2009, 2(19): 59-74.

[71] ALLINSON C W. The cognitive style index: a measure of intuition-analysis for organizational research[J]. Journal of Management Studies, 2010, 1(33): 119-135.

[72] CHAKRABORTY I, HU J H, CUI D. Examining the effects of cognitive style in individuals' technology use decision making[J]. Decision Support Systems, 2008, 45(2): 228-241.

[73] RIDING R, CHEEMA I. Cognitive styles: An overview and integration[J]. Educational Psychology, 1991, 11(3-4): 193-215.

[74] RIDING R, RAYNER S. Cognitive styles and learning strategies: Understanding style differences in learning and behavior[M]. London: David Fulton Publishers, 2013.

[75] COFFIELD F, MOSELEY D, Hall E, et al. Learning styles and pedagogy in post-16 learning: A systematic and critical review[R]. London: Learning and Skills Research Council, 2004.

[76] BENDALL R C A, GALPIN A, MARROW L P, et al. Cognitive style: Time to

experiment[J]. Frontiers in Psychology, 2016, 7: 1786.

[77] HAUSER J R, URBAN G L, LIBERALI G, et al. Website morphing[J]. Marketing Science, 2009, 28(2): 202-223.

[78] LACIC E, REITER-HAAS M, DURICIC T, et al. Should we embed? A study on the online performance of utilizing embeddings for real-time job recommendations[C]//13th ACM Conference on Recommender Systems. New York: Association for Computing Machinery, 2019: 496-500.

[79] LIU Z, XIE X, CHEN L. Context-aware academic collaborator recommendation[C]// Proceedings of the ACM SIGKDD International Conference on Knowledge Discovery and Data Mining. New York: Association for Computing Machinery, 2018: 1870-1879.

[80] PIZZATO L, REJ T, CHUNG T, et al. RECON: A reciprocal recommender for online dating[C]//Proceedings of the 4th ACM Conference on Recommender Systems. New York: Association for Computing Machinery, 2010: 207-214.

[81] NEVE J, PALOMARES I. Latent factor models and aggregation operators for collaborative filtering in reciprocal recommender systems[C]//Proceedings of the 13th ACM Conference on Recommender Systems. New York: Association for Computing Machinery, 2019: 219-227.

[82] XIA P, LIU B, SUN Y, et al. Reciprocal recommendation system for online dating[C]// Proceedings of the 2015 IEEE/ACM International Conference on Advances in Social Networks Analysis and Mining. New York: IEEE, 2015: 234-241.

[83] KLEINERMAN A, ROSENFELD A, KRAUS S. Optimally balancing receiver and recommended users' importance in reciprocal recommender systems[C]//12th ACM Conference on Recommender Systems. New York: Association for Computing Machinery, 2018: 22-30.

[84] TING C H, LO H Y, LIN S D. Transfer-learning based model for reciprocal recommendation[C]//Advances in Knowledge Discovery and Data Mining. Berlin: Springer, 2016, 9652: 491-502.

[85] QU Y, LIU H, DU Y, et al. Reciprocal ranking: A hybrid ranking algorithm for reciprocal recommendation[C]//PRICAI 2018: Trends in Artificial Intelligence. Berlin: Springer, 2018.

[86] KOPRINSKA I, YACEF K. People-to-people reciprocal recommenders[M]//2nd ed. Recommender Systems Handbook. Berlin: Springer, 2015.

[87] ZHU C, ZHU H, XIONG H, et al. Recruitment market trend analysis with sequential latent variable models[C]//Proceedings of the ACM SIGKDD International Conference on Knowledge Discovery and Data Mining. New York: Association for Computing Machinery, 2016: 383-392.

[88] KUTTY S, NAYAK R, CHEN L. A people-to-people matching system using graph mining techniques[C]//World Wide Web. Berlin: Springer, 2014, 17(3): 311-349.

[89] LI L, LI T. MEET: A generalized framework for reciprocal recommender systems[C]// ACM International Conference Proceeding Series. Berlin: Springer, 2012: 35-44.

[90] LUO L, YANG L, XIN J, et al. RRCN: A reinforced random convolutional network based reciprocal recommendation approach for online dating[J]. arXiv, 2020. https://arxiv.org/pdf/2011.12586.pdf.

[91] MIKOLOV T, CHEN K, CORRADO G, et al. Efficient estimation of word representations in vector space[J]. arXiv, 2013. https://arxiv.org/pdf/1301.3781.pdf.

[92] LEE D (DK), MANZOOR E, CHENG Z. Focused Concept Miner (FCM): Interpretable deep learning for text exploration[J]. SSRN Electronic Journal, 2019: 1-44.

[93] WANG X, HE X, CAO Y, et al. KGAT: Knowledge graph attention network for recommendation[C]//Proceedings of the 25th ACM SIGKDD International Conference on Knowledge Discovery & Data Mining. New York: Association for Computing Machinery, 2019: 950-958.

[94] KIM Y. Convolutional neural networks for sentence classification[C]//Conference on Empirical Methods in Natural Language Processing. Stroudsburg: Association for Computational Linguistics, 2014: 1746-1751.

[95] ZHOU P, SHI W, TIAN J, et al. Attention-based bidirectional long short-term memory networks for relation classification[C]//54th Annual Meeting of the Association for Computational Linguistics. Stroudsburg: Association for Computational Linguistics, 2016: 207-212.

[96] VASWANI A, SHAZEER N, PARMAR N, et al. Attention is all you need[C]// Advances in Neural Information Processing Systems. San Diego: Neural Information Processing Systems Foundation (NIPS), 2017: 5999-6009.

[97] SEO S, HUANG J, YANG H, et al. Interpretable convolutional neural networks with dual local and global attention for review rating prediction[C]//Proceedings of the 11th ACM Conference on Recommender Systems. New York: Association for Computing Machinery, 2017: 297-305.

[98] WANG X, YU L, REN K, et al. Dynamic attention deep model for article recommendation by learning human editors' demonstration[C]//Proceedings of the ACM SIGKDD International Conference on Knowledge Discovery and Data Mining. New York: Association for Computing Machinery, 2017: 2051-2059.

[99] CHEN J, ZHANG H, HE X, et al. Attentive collaborative filtering: Multimedia recommendation with item- and component-level attention[C]//Proceedings of the 40th International ACM SIGIR Conference on Research and Development in Information

Retrieval. New York: Association for Computing Machinery, 2017: 335-344.

[100] DEVLIN J, CHANG M W, LEE K, et al. BERT: Pre-training of deep bidirectional transformers for language understanding [C]//Conference of the North American Chapter of the Association for Computational Linguistics. Stroudsburg: Association for Computational Linguistics, 2019, 4171-4186.

[101] HAN X, LIU Z, SUN M. Neural knowledge acquisition via mutual attention between knowledge graph and text [C]//Proceedings of the AAAI Conference on Artificial Intelligence. Palo Alto: Association for the Advancement of Artificial Intelligence, 2018: 4832-4839.

[102] LI Q, ZENG D D, XU D J, et al. Understanding and predicting users' rating behavior: A cognitive perspective[J]. INFORMS Journal on Computing, 2020, 32(4): 996-1011.

[103] HITSCH G J, HORTAçSU A, ARIELY D. Matching and sorting in online dating[J]. American Economic Review, 2010, 100(1): 130-163.

[104] HITSCH G J, HORTAçSU A, ARIELY D. What makes you click? -mate preferences in online dating[J]. Quantitative Marketing and Economics, 2010, 8(4): 393-427.

[105] JUNG J H, BAPNA R, RAMAPRASAD J, et al. Love unshackled: Identifying the effect of mobile app adoption in online dating[J]. MIS Quarterly, 2019, 43(1): 47-72.

[106] BAPNA R, RAMAPRASAD J, SHMUELI G, et al. One-way mirrors in online dating: A randomized field experiment[J]. Management Science, 2016, 62(11): 3100-3122.

[107] SCHAU H J, GILLY M C. We are what we post? Self-presentation in personal web space[J]. Journal of Consumer Research, 2003, 30(3): 385-404.

[108] WOTIPKA C D, HIGH A C. An idealized self or the real me? Predicting attraction to online dating profiles using selective self-presentation and warranting[J]. Communication Monographs, 2016, 83(3): 281-302.

[109] GEVA H, OESTREICHER-SINGER G, SAAR-TSECHANSKY M. Using retweets when shaping our online persona: Topic modeling approach[J]. MIS Quarterly, 2019, 43(2): 501-524.

[110] ELLISON N, HEINO R, GIBBS J. Managing impressions online: Self-presentation processes in the online dating environment [J]. Journal of Computer-Mediated Communication, 2006, 11(2): 415-441.

[111] TOMA C L, HANCOCK J T, ELLISON N B. Separating fact from fiction: An examination of deceptive self-presentation in online dating profiles[J]. Personality and Social Psychology Bulletin, 2008, 34(8): 1023-1036.

[112] GIBBS J L, ELLISON N B, HEINO R D. Self-presentation in online personals: The role of anticipated future interaction, self-disclosure, and perceived success in internet dating[J]. Communication Research, 2006, 33(2): 152-177.

[113] CHILDERS T L, HOUSTON M J. Conditions for a picture-superiority effect on consumer memory[J]. Journal of Consumer Research, 1984, 11(2): 643-654.

[114] PETTY R E, CACIOPPO J T, SCHUMANN D. Central and peripheral routes to advertising effectiveness: the moderating role of involvement[J]. Journal of Consumer Research, 1983, 10(2): 135-146.

[115] KISIELIUS J, STERNTHAL B. Detecting and explaining vividness effects in attitudinal judgments[J]. Journal of Marketing Research, 1984, 21(1): 54-64.

[116] ROOSE G, VERMEIR I, Geuens M, et al. A match made in heaven or down under? the effectiveness of matching visual and verbal horizons in advertising [J]. Journal of Consumer Psychology, 2019, 29(3): 411-427.

[117] CYR D, HEAD M, LARIOS H, et al. Exploring human images in website design: A multi-method approach[J]. MIS Quarterly, 2009, 33(3): 539-566.

[118] YOO J, KIM M. Online product presentation: the effect of product coordination and a model's face[J]. Journal of Research in Interactive Marketing, 2012, 6(1): 59-72.

[119] JIANG Z, BENBASAT I. The effects of presentation formats and task complexity on online consumers' product understanding[J]. MIS Quarterly, 2007, 31(3): 475-500.

[120] SO H, OH W. Picture perfect: An image mining of advertising content and its effects on social targeting [C]//International Conference on Information Systems. Atlanta: Association for Information Systems, 2018: 1-17.

[121] ZHANG S, LEE D, SINGH P V, et al. How much is an image worth? Airbnb property demand analytics leveraging a scalable image classification algorithm[J]. Management Science, 2021, 68(8): 5557-6354.

[122] SHIN D, HE S, LEE G M, et al. Content complexity, similarity, and consistency in social media: A deep learning approach[J]. MIS Quarterly, 2020, 44(4): 1459-1492.

[123] LIU L, MIZIK N. Visual listening in: Extracting brand image portrayed on social media[J]. Marketing Science, 2020, 39(4): 669-686.

[124] KARIMI S, WANG F. Online review helpfulness: Impact of reviewer profile image[J]. Decision Support Systems, 2017, 96: 39-48.

[125] WANG M, LI X, CHAU P Y K. The impact of photo aesthetics on online consumer shopping behavior: An image-processing-enabled empirical study [C]//International Conference on Information Systems. Atlanta: Association for information systems, 2016: 1-11.

[126] LI Y, XIE Y. Is a picture worth a thousand words? An empirical study of image content and social media engagement[J]. Journal of Marketing Research, 2020, 57(1): 1-19.

[127] HOWARD A G, ZHU M, CHEN B, et al. Mobilenets: Efficient convolutional neural networks for mobile vision applications[J]. arXiv preprint arXiv: 1704.04861, 2017.

https://arxiv.org/abs/1704.04861.

[128] LIN T M, LU K Y, WU J J. The effects of visual information in eWOM communication[J]. Journal of Research in Interactive Marketing, 2012, 6(1): 7-26.

[129] TALEBI H, MILANFAR P. NIMA: Neural Image Assessment[J]. IEEE Transactions on Image Processing, 2018, 27(8): 3998-4011.

[130] YOU Q, BHATIA S, LUO J. A picture tells a thousand words—about you! User interest profiling from user generated visual content[J]. Signal Processing, 2016, 124: 45-53.

[131] TRUONG Q T, LAUW H W. Visual sentiment analysis for review images with item-oriented and user-oriented CNN[C]//Proceedings of the 2017 ACM Multimedia Conference. New York: Association for Computing Machinery, 2017: 1274-1282.

[132] ZINKO R, STOLK P, Furner Z, et al. A picture is worth a thousand words: How images influence information quality and information load in online reviews[J]. Electronic Markets, 2020, 30(4): 775-789.

[133] MA Y, XIANG Z, DU Q, et al. Effects of user-provided photos on hotel review helpfulness: An analytical approach with deep leaning[J]. International Journal of Hospitality Management, 2018, 71: 120-131.

[134] MUDAMBI S M, SCHUFF D. What makes a helpful online review? A study of customer reviews on amazon. com[J]. MIS Quarterly, 2010, 34(1): 185-200.

[135] SRIDHAR S, SRINIVASAN R. Social influence effects in online product ratings[J]. Journal of Marketing, 2012, 76(5): 70-88.

[136] MUCHNIK L, ARAL S, TAYLOR S J. Social influence bias: A randomized experiment[J]. Science, 2013, 341(6146): 647-651.

[137] MOE W W, TRUSOV M, SMITH R H. The value of social dynamics in online product ratings forums[J]. Journal of Marketing Research, 2011, 48(3): 444-456.

[138] SUNDER S, KIM K H, YORKSTON E A. What drives herding behavior in online ratings? The role of rater experience, product portfolio, and diverging opinions[J]. Journal of Marketing, 2019, 83(6): 93-112.

[139] LEE Y J, HOSANAGAR K, Tan Y. Do I follow my friends or the crowd? Information cascades in online movie ratings[J]. Management Science, 2015, 61(9): 2241-2258.

[140] WANG T, WANG D, WANG F. Quantifying herding effects in crowd wisdom[C]// Proceedings of the 20th ACM SIGKDD International Conference on Knowledge Discovery and Data Mining. New York: Association for Computing Machinery, 2014: 1087-1096.

[141] LIN Z, HENG C-S. The paradoxes of word of mouth in electronic commerce[J]. Journal of Management Information Systems, 2015, 32(4): 246-284.

[142] MOE W W, SCHWEIDEL D A. Online product opinions: Incidence, evaluation, and

evolution[J]. Marketing Science，2012，31(3)：372-386.

[143] HUANG N，HONG Y，BURTCH G. Social network integration and user content generation：Evidence from natural experiments[J]. MIS Quarterly，2016，41(4)：1035-1058.

[144] WANG C，ZHANG X，HANN I H. Socially nudged：A quasi-experimental study of friends' social influence in online product ratings[J]. Information Systems Research，2018，29(3)：641-655.

[145] MA X，KHANSA L，DENG Y，et al. Impact of prior reviews on the subsequent review process in reputation systems[J]. Journal of Management Information Systems，2013，30(3)：279-310.

[146] RISHIKA R，RAMAPRASAD J. The effects of asymmetric social ties，structural embeddedness，and tie strength on online content contribution behavior[J]. Management Science，2019，65(7)：3398-3422.

[147] LIN Z，ZHANG Y，TAN Y. An empirical study of free product sampling and rating bias [J]. Information Systems Research，2019，30(1)：260-275.

[148] HO Y C C，WU J，TAN Y. Disconfirmation effect on online rating behavior：A structural model[J]. Information Systems Research，2017，28(3)：626-642.

[149] BANERJEE S，DELLAROCAS C，ZERVAS G. Interacting user-generated content technologies：How questions and answers affect consumer reviews[J]. SSRN Electronic Journal，2018. https://papers.ssrn.com/sol3/papers.cfm? abstract_id＝3240885.

[150] CHEN W，GU B，YE Q，et al. Measuring and managing the externality of managerial responses to online customer reviews[J]. Information Systems Research，2019，30(1)：81-96.

[151] LI X，HITT L M. Self-selection and information role of online product reviews[J]. Information Systems Research，2008，19(4)：456-474.

[152] GODES D，SILVA J C. Sequential and temporal dynamics of online opinion [J]. Marketing Science，2012，31(3)：448-473.

[153] LUCA M，ZERVAS G. Fake it till you make it：Reputation，competition，and yelp review fraud[J]. Management Science，2016，62(12)：3412-3427.

[154] HU N，PAVLOU P A，ZHANG J. On self-selection biases in online product reviews [J]. MIS Quarterly，2017，41(2)：449-471.

[155] HU N，ZHANG J，PAVLOU P A. Overcoming the J-shaped distribution of product reviews[J]. Communications of the ACM，2009，52(10)：144-147.

[156] SHEN W，HU Y J，ULMER J R. Competing for attention：An empirical study of online reviewers' strategic behavior[J]. MIS Quarterly，2015，39(3)：683-696.

[157] CHEN M. Improving website structure through reducing information overload [J].

Decision Support Systems，2018，110：84-94.

[158] JONES Q，RAVID G，RAFAELI S. Information overload and the message dynamics of online interaction spaces：A theoretical model and empirical exploration[J]. Information Systems Research，2004，15(2)：194-211.

[159] DE GEMMIS M，LOPS P，MUSTO C，et al. Semantics-aware content-based recommender systems［M］//2nd ed. Recommender Systems Handbook. Berlin：Springer，2015.

[160] SZEGEDY C，LIU W，JIA Y，et al. Going deeper with convolutions[C]//Proceedings of the IEEE conference on computer vision and pattern recognition. Boston：Computer Vision Foundation，2015：1-9.

[161] PERACCHIO L A，MEYERS-LEVY J. Using stylistic properties of ad pictures to communicate with consumers[J]. Journal of Consumer Research，2005，32：29-40.

[162] LEONARD N H，SCHOLL R W，KOWALSKI K B. Information processing style and decision making[J]. Journal of Organizational Behavior，1999：407-420.

[163] SOJKA J Z，GIESE J L. The influence of personality traits on the processing of visual and verbal information[J]. Marketing Letters，2001，12(1)：91-106.

[164] SOJKA J Z，GIESE J L. Communicating through pictures and words：Understanding the role of affect and cognition in processing visual and verbal information[J]. Psychology and Marketing，2006，23(12)：995-1014.

[165] HU Y，VOLINSKY C，KOREN Y. Collaborative filtering for implicit feedback datasets [C]//IEEE International Conference on Data Mining. New York：IEEE，2008：263-272.

[166] OUYANG Y，LIU W，RONG W，et al. Autoencoder-based collaborative filtering[C]// International Conference on Neural Information Processing. Berlin：Springer，2014：284-291.

[167] MCAULEY J，TARGETT C，SHI Q，et al. Image-based recommendations on styles and substitutes[C]//Proceedings of the 38th International ACM SIGIR Conference on Research and Development in Information Retrieval. New York：Association for Computing Machinery，2015：43-52.

[168] ENGIN A，VETSCHERA R. Information representation in decision making：The impact of cognitive style and depletion effects［J］. Decision Support Systems，2017，103：94-103.

[169] ROSENFELD M J，THOMAS R J，HAUSEN S. Disintermediating your friends：How online dating in the United States displaces other ways of meeting[J]. Proceedings of the National Academy of Sciences，2019，116(36)：17753-17758.

[170] 前瞻产业研究院. 2020 年中国网络婚恋交友服务行业发展现状分析[EB/OL]. (2020-09-27)［2021-03-12］. https://www.qianzhan.com/analyst/detail/220/200927-02474994.

html.

[171] 易观分析. 婚恋行业数字化进程分析[EB/OL]. (2020-12-07)[2021-03-12]. https://www.analysys.cn/article/detail/20020001.

[172] ZHENG A, HONG Y, PAVLOU P A. Matching in two-sided platforms for IT services: Evidence from online labor markets[J]. Fox School of Business Research Paper, 2016(16-26).

[173] PALOMARES I, PORCEL C, PIZZATO L, et al. Reciprocal recommender systems: analysis of state-of-art literature, challenges and opportunities on social recommendation[J]. Information Fusion, 2020, 69: 103-127.

[174] GOFFMAN E. The presentation of self in everyday life[M]. Hamburg: Anchor, 1959.

[175] ADAMOPOULOS P, GHOSE A, TODRI V. The impact of user personality traits on word of mouth: Text-mining social media platforms[J]. Information Systems Research, 2018, 29(3): 612-640.

[176] LEE D, HOSANAGAR K, NAIR H S. Advertising content and consumer engagement on social media: Evidence from Facebook[J]. Management Science, 2018, 64(11): 5105-5131.

[177] RHEE K M, HWANG E, TAN Y. Social hiring: The right LinkedIn connection that helps you land a job[C]//International Conference on Information Systems. Atlanta: Association for Information Systems, 2018: 1-17.

[178] HONG W, YU Z, WU L, et al. Influencing factors of the persuasiveness of online reviews considering persuasion methods [J]. Electronic Commerce Research and Applications, 2020, 39: 100.

[179] GOH K Y, HENG C S, LIN Z. Social media brand community and consumer behavior: Quantifying the relative impact of user- and marketer-generated content[J]. Information Systems Research, 2013, 24(1): 88-107.

[180] HONG Y, PAVLOU P A. Product fit uncertainty in online markets: Nature, effects, and antecedents[J]. Information Systems Research, 2014, 25(2): 328-344.

[181] LURIE N H, MASON C H. Visual representation: Implications for decision making[J]. Journal of Marketing, 2007, 71(1): 160-177.

[182] PETTY R E, CACIOPPO J T. The elaboration likelihood model of persuasion[J]. Journal of Marketing Research, 1980, 17(4): 460-469.

[183] OLIVER R L. A cognitive model of the antecedents and consequences of satisfaction decisions[J]. Journal of Marketing Research, 1980, 17(4), 460-469.

[184] SOMERFIELD K, MORTIMER K, EVANS G. The relevance of images in user-generated content: A mixed method study of when, and why, major brands retweet[J]. International Journal of Internet Marketing and Advertising, 2018, 12(4): 340-357.

[185] PARK C W, LESSIG V P. Familiarity and its impact on consumer decision biases and heuristics[J]. Journal of Consumer Research, 1981, 8(2): 223.

[186] XU Q. Should I trust him? The effects of reviewer profile characteristics on eWOM credibility[J]. Computers in Human Behavior, 2014, 33: 136-144.

[187] FREEMAN M. The photographer's eye: Composition and design for better digital photos[M]. Boca Raton: CRC Press, 2007.

[188] MARCHESOTTI L, PERRONNIN F, LARLUS D, et al. Assessing the aesthetic quality of photographs using generic image descriptors[C]//Proceedings of the IEEE International Conference on Computer Vision. New York: IEEE, 2011: 1784-1791.

[189] TIAN X, DONG Z, YANG K, et al. Query-dependent aesthetic model with deep learning for photo quality assessment[J]. IEEE Transactions on Multimedia, 2015, 17(11): 2035-2048.

[190] FORMAN C, GHOSE A, WIESENFELD B. Examining the relationship between reviews and sales: The role of reviewer identity disclosure in electronic markets[J]. Information Systems Research, 2008, 19(3): 291-313.

[191] WHEELER L, MARTIN R, SULS J. The proxy model of social comparison for self-assessment of ability[J]. Personality and Social Psychology Review, 1997, 1(1): 54-61.

[192] AYDINOUGLU N Z, CIAN L. Show me the product, show me the model: Effect of picture type on attitudes toward advertising[J]. Journal of Consumer Psychology, 2014, 24(4): 506-519.

[193] ROSENBAUM P R, RUBIN D B. The central role of the propensity score in observational studies for causal effects[J]. Biometrica, 1983, 70(1): 41-55.

[194] FLOYD K, FRELING R, ALHOQAIL S, et al. How online product reviews affect retail sales: A meta-analysis[J]. Journal of Retailing, 2014, 90(2): 217-232.

[195] ZHANG K, ZHANG Z, LI Z, et al. Joint face detection and alignment using multitask cascaded convolutional networks[J]. IEEE Signal Processing Letters, 2016, 23(10): 1499-1503.

[196] HAUGTVEDT C P, WEGENER D T. Message order effects in persuasion: An attitude strength perspective[J]. Journal of Consumer Research, 1994, 21(1): 205.

[197] DENG Y, ZHENG J, KHERN-AM-NUAI W, et al. More than the quantity: The value of editorial reviews for a user-generated content platform[J]. Management Science, 2022, 68(9): 6865-6888.

[198] HAGTVEDT H, PATRICK V M. Art infusion: The influence of visual art on the perception and evaluation of consumer products[J]. Journal of Marketing Research, 2008, 45(3): 379-389.

[199] CHEN Y, XIE J. Online consumer review: Word-of-mouth as a new element of

marketing communication mix[J]. Management Science, 2008, 54(3): 477-491.

[200] SUNG Y, LEE J, KIM E, et al. Why we post selfies: Understanding motivations for posting pictures of oneself [J]. Personality and Individual Differences, 2016, 97: 260-265.

[201] QIAO D, LEE S Y, WHINSTON A B, et al. Financial incentives dampen altruism in online prosocial contributions: A study of online reviews[J]. Information Systems Research, 2020, 31(4): 1361-1375.

[202] BRYNJOLFSSON E, HUI X, LIU M. Does machine translation affect international trade? Evidence from a large digital platform[J]. Management Science, 2019, 65(12): 5449-5460.

[203] PENNEBAKER J W, FRANCIS M E, BOOTH R J. Linguistic inquiry and word count: LIWC 2001[J]. Mahway: Lawrence Erlbaum Associates, 2001, 71(2001): 2001.

[204] WOLFERS J. Did unilateral divorce laws raise divorce rates? A reconciliation and new results[J]. American Economic Review, 2006, 96(5): 1802-1820.

[205] LIN C, WEI Y H, LEKHAWIPAT W. Time effect of disconfirmation on online shopping[J]. Behaviour & Information Technology, 2018, 37(1): 87-101.

[206] DIEHL K, POYNOR C. Great expectations?! Assortment size, expectations, and satisfaction[J]. Journal of Marketing Research, 2010, 47(2): 312-322.

[207] KIM D J, FERRIN D L, RAO H R. Trust and satisfaction, two stepping stones for successful e-commerce relationships: A longitudinal exploration[J]. Information Systems Research, 2009, 20(2): 237-257.

[208] DIMOKA A, HONG Y, PAVLOU P A. On product uncertainty in online markets: Theory and evidence[J]. MIS Quarterly, 2012: 395-426.

[209] FORNELL C, LARCKER D F. Evaluating structural equation models with unobservable variables and measurement error[J]. Journal of Marketing Research, 1981, 18(1): 39-50.

[210] ANDERSON R E. Consumer dissatisfaction: The effect of disconfirmed expectancy on perceived product performance[J]. Journal of Marketing Research, 1973, 10(1): 38-44.